VEX IQ 机器人

软件模块、硬件结构及搭建实例

王雪雁　李　炯　邱景红 / 主编

化学工业出版社

· 北京 ·

内 容 简 介

《VEX IQ机器人：软件模块、硬件结构及搭建实例》是一本VEX IQ机器人基础教程。从最基本的认识VEX IQ机器人讲起，进而对软件、模块、结构件等进行详细解读。其中，对各种模块的使用和调用思路进行了详尽的描述，以培养读者的思维能力，同时对结构件的选择也做了分析。本书最后一章，通过20个实例，讲解机器人的搭建方法和步骤，读者可以根据实例灵活搭建自己的机器人，达到举一反三的学习效果。

本书可供VEX IQ机器人初学者使用，也可作为学校以及培训机构教授VEX IQ机器人时的教材。

图书在版编目（CIP）数据

VEX IQ机器人：软件模块、硬件结构及搭建实例 / 王雪雁，李炯，邱景红主编. —北京：化学工业出版社，2023.7

ISBN 978-7-122-43310-7

Ⅰ. ①V… Ⅱ. ①王… ②李… ③邱… Ⅲ. ①机器人-教材 Ⅳ. ①TP242

中国国家版本馆 CIP 数据核字（2023）第 064947 号

责任编辑：雷桐辉　王　烨　　　　文字编辑：温潇潇
责任校对：李雨晴　　　　装帧设计：水长流文化

出版发行：化学工业出版社（北京市东城区青年湖南街 13 号　邮政编码 100011）
印　　装：河北京平诚乾印刷有限公司
787mm×1092mm　1/16　印张 9　字数 145 千字　2023 年 9 月北京第 1 版第 1 次印刷

购书咨询：010-64518888　　　　售后服务：010-64518899
网　　址：http://www.cip.com.cn
凡购买本书，如有缺损质量问题，本社销售中心负责调换。

定　　价：69.80 元

编写人员

主编：

王雪雁　李　炯　邱景红

参编人员（按拼音顺序）：

安绍辉　刁文水　韩学武　贾远朝　金　文　李会然

李丽姝　李　锐　吕学敏　马　郑　彭玉兵　任　辉

任哲学　史　远　苏　岩　田迎春　王科社　王玥茗

肖　明　殷　玥　张海涛　张　舰　张　志

前言

机器人（robot）是自动执行工作的机器装置。它既可以接受人类指挥，又可以运行预先编排的程序，也可以根据以人工智能技术制定的原则纲领行动。它的任务是协助人类工作，在工业、医学、农业、建筑业甚至军事等领域中均有重要用途。

机器人技术融合了机械原理、电子传感器、计算机软硬件及人工智能等众多先进技术，承载着培养学生能力、素质的新使命。机器人技术代表了高新技术发展前沿，涉及信息技术的多个领域，融合多学科先进技术，将其引入教学将给中小学的信息技术课程增添新的活力，成为培养中小学生综合能力、信息素养的优秀平台。

机器人教育不仅是学习机器人知识，也是一种STEM教育，具体来说是指通过设计、组装、编程、运行机器人，激发学生学习兴趣、培养学生综合能力的全面素质教育。让孩子掌握一定的机器人知识，对他们未来的成长之路会大有裨益。

本书约有20个结构搭建实例，均提供了详细的搭建步骤，读者可以根据搭建步骤搭建各种机器人。通过学习VEX IQ各种结构件搭建方法，灵活使用VEX IQ结构件搭建自己设计的机器人，达到举一反三的目的。同时，本书也系统地介绍了VEXcode软件各种模块的编程方法，用VEXcode软件为机器人编程，控制机器人实现各种功能。

编者

目录

第1章 认识VEX IQ机器人

第2章 VEXcode IQ Blocks软件

第3章 VEX IQ的零件及其选择

第4章 实例教学

第 1 章

认识VEX IQ机器人

1.1 VEX IQ简介

1.1.1 VEX IQ机器人

VEX IQ机器人是美国VEX机器人设计及生产商Innovation First International，INC 公司推出的基于塑料的积木式机器人，是进行STEM（科学、技术、工程、数学）教学的优秀平台，是STEM教育的革命性产品。

随着STEM教育在国内大热，VEX机器人教育作为践行STEM教育的有效载体，也逐渐进入人们视野。它所提倡的在“玩中学，做中学”的学习理念更契合孩子的学习习惯，在培养孩子的动手能力、创造力和想象力等方面发挥着重要作用。

世界需要今天的学生成为明天的科学家、工程师和解决问题的领导人。在这个竞争激烈的时代，机器人有着浓厚的魅力，它涉及应用物理、数学、计算机编程、三维建模以及机械设计等多方面的知识，有助于提高解决问题、团队协作和组织领导能力。

VEX IQ机器人设计系统把竞争的灵感提升到新的水平。VEX可作为课堂机器人教学平台，促进机器人学习和STEM教育，同时可激发学生在科学、技术、工程和数学（STEM）方面的潜能，帮助他们发现自己的价值。VEX IQ机器人中各种结构件可以重复创新使用、结实耐用，再加上一个功能强大和用户可编程的微处理器控制的最新水平的机器人系统，使学生拥有无限的设计可能。

1.1.2 VEX IQ机器人世界锦标赛

VEX机器人大赛又称VEX机器人世界锦标赛（VEX Robotics Competition），是一项旨在通过推广教育型机器人，拓展中学生和大学生对科学、技术、工程和数学领域的兴趣，提高青少年的团队合作精神、领导才能和解决问题的能力的世界级大赛。

2006年，中国科协（中国科学技术协会）将此项目引入我国，在中国青少年机器人竞赛中设置 VEX 机器人竞赛的目的是激发我国青少年对机器人技术的兴趣，为国际 VEX 机器人竞赛选拔参赛队。

（1）大赛宗旨

以科技为本，给所有学生提供获得科技和交流以及展现自己才能的平台，激发他们的科技潜能，成就他们的科技梦想。

（2）大赛级别

VEX机器人大赛的组别有VEX-U大学组比赛、VEX VRC挑战赛赛以及VEX IQ挑战赛。VEX IQ挑战赛是面向8～14岁中小学生开展的STEM计划，为其提供开放式机器人研究平台。参赛学生可以大胆发挥自己的创意，根据当年发布的规则，用手中的工具和材料创作出自己的机器人。

VEX机器人比赛要求参加比赛的代表队自行设计、制作机器人并进行编程。参赛的机器人既能通过自动程序控制，又能通过遥控器控制，并可以在特定的竞赛场地上，按照一定的规则要求进行比赛活动。

（3）大赛类型

VEX IQ机器人工程挑战赛分手动和自动两种机器人比赛。比赛互动性强，合作性强，惊险刺激，竞赛机器人突出机械结构、传动系统的功能设计。该比赛是创意设计和合作性的最佳结合，它将项目管理和团队合作纳入考察范围，重视竞争和结果，但更重视体验过程，为参与者提供更真实的工程体验。

通过VEX IQ机器人工程挑战赛等国际赛事，教师可以检验机器人教学成果，学生在实践中体验科技、锻炼能力，将创新构想应用于现实，在高水平技术交流中快速提高创新设计水平，获得团队组织和合作能力，以及参与国际竞赛的机会！

1.2 VEX IQ编程特点

1.2.1 编程思维

编程教育既是培养学生思维能力的过程，也是培养良好编程习惯的过程。教师不仅要教学生使用逻辑思维和发散思维来思考问题、解决问题，还要让学生明白编程是一个反反复复调试的过程，只有通过不断改良、功能迭代，才能打磨出一个成功的程序。

编程时遇到挫折是一件非常正常的事情，一定要教育学生养成良好的编程习惯，心平气和，要有足够的耐性、定力和热情，不可半途而废。有良好编程习惯的孩子更容易成为优秀的程序设计高手。

作为程序设计人员，必须认真考虑和设计数据结构及操作步骤（即算法）。著名计算机科学家沃斯（Niklaus Wirth）提出一个公式：数据结构+算法=程序。

① 数据结构就是对数据的描述，在程序中要指定数据类型和数据的组织形式。

② 算法就是对操作的描述，即操作步骤。

1.2.2 算法的特性

① 有穷性。一个算法应包含有限的步骤，而不是无限的。事实上，“有穷性”是指在公认合理时间范围之内，如何让计算机执行算法。

② 确定性。算法中的每一步都应当是确定的，而不应是产生歧义的。

③ 有0个或多个输入。所谓输入是指在执行算法时需要从外界取得必要的信息。

④ 有1个或多个输出。算法的目的是求解，“解”就是输出。一个算法得到的结果就是输出，没有输出的算法是没有意义的。

⑤ 有效性。算法中的每一步都应当有效地执行，并得到确定的结果。

1.2.3 用计算机语言表示算法

完成一个任务，包括设计算法和实现算法两个部分。我们的目的是用计算机解题，也就是要用计算机实现算法。而计算机只能执行计算机编程语言，用计算机语言表示算法必须严格遵循所用语言的语法规则。本书所使用的VEX IQ机器人的编程语言是基于Scratch的VEXcode IQ Blocks。软件采用图形化编程方式，这种图形化“所见即所得”的编程方式大大降低了普通人学习编程的门槛，让编程学习简单迅速，并因此得以普及。

1.2.4 程序结构

程序结构一般有三种：顺序结构、分支结构和循环结构。这是非常重要的编程思想，可以这样说，任何程序，从本质上说，都是这三种程序结构的不同组合或变形。在实际编程中，很多复杂问题的解决往往是这三种执行方式的命令综合。

（1）顺序结构

顺序结构是程序设计中常用的结构之一。按照顺序结构排列的程序，从顶部到底部依次执行每一个语句块，不允许跨越，不允许掉头，就像天上掉下来的水滴一样，从上到下一气呵成。也像火车一样，从起点站到终点站逐个经过每个站台。也就是按部就班地从上往下执行程序命令。

（2）分支结构

分支结构是根据某个或多个条件，先判断该条件是否成立，如果成立，就执行后面的命令；如果不成立，要么执行另外的命令，要么绕过整个条件判断执行其后的命令。

分支结构主要用在需要进行逻辑判断的情况，控制程序执行不同的任务。就像铁路上的分道闸，可以控制火车走这条线路，也可以控制火车走那条线路。

分支结构常用于逻辑判断、大小关系比较等条件判断的场合。VEXcode IQ Blocks中的“如果……那么……”“如果……那么……否则……”就是典型的分支结构。

使用时需要为分支结构设置一个条件，这个条件可以用“等于”“小于”“大于”这样的关系运算符，也可以用“与”“或”“不成立”这样的逻辑运算符来设置。

（3）循环结构

循环结构也是程序设计中常用的结构之一。循环就是重复的意思，按照循环结构排列的程序，可以从第一条语句开始，顺序执行到最后一条语句，然后回到第一条语句，如此反复执行所有语句块。

因此循环结构首先需要判断程序中的循环条件是否成立，如果成立，就执行循环体内的命令，执行完成后再判断循环条件是否成立，如果成立，就继续执行循环体内的命令；如果不成立，就跳出这个循环体，执行后面的命令。

循环结构的优点是可以节约命令块，让程序变得紧凑，提高了程序的重复利用率。在使用循环结构时，除了让程序能够反复执行以外，还需要考虑怎么退出循环。

常用的方法是设置一个退出循环的条件，当条件满足时，程序自动退出循环。如“重复执行 10次”“重复执行直到条件满足”语句块。也可以从循环内部或外部强制退出循环，如“停止”语句块。

第 2 章

VEXcode IQ Blocks软件

VEXcode IQ Blocks是VEX教育机器人VEXcode编程平台专为IQ用户开发的一款基于Scratch的面向青少年机器人STEM教育的图形化积木式编程软件。VEXcode IQ Blocks编程软件拥有100多个VEX IQ机器人控制的特定语句块，使VEX IQ机器人编程变得前所未有的简单，这让学生不受编译错误影响或是止步于复杂的文本编程，从而专注于尝试和探究编程本身。

VEXcode IQ Blocks编程软件可以在 Windows、iOS系统以及Chromebooks上使用。VEXcode IQ Blocks是一个适合学生的编程软件，VEXcode IQ Blocks的直观布局使学生能够快速轻松地开始学习。

2.1 安装VEXcode IQ Blocks软件

VEXcode IQ Blocks软件安装包可以从VEX官方网站下载。如图2-1所示，目前的最新版本为VEXcode IQ（Blocks and Text）-v2.4.5，基于Scratch 3.0开发，支持的计算机有Windows、Mac、iPad、Chromebooks、Android Tablets、Amazon Fire，支持的语言有英语和简体中文。

① 双击安装包“IQBlocks-20200217.exe”开始安装，等待1分钟左右完成安装准备，如图2-2所示。

② 进入安装向导，然后单击“Next”按钮进入下一步，如图2-3所示。

③ 在用户协议中选择“I accept the terms in the license agreement”，然后单击“Next”按钮进入下一步，如图2-4所示。

④ 单击“Install”按钮安装软件，如图2-5所示。

⑤ 等待软件自动安装即可，如图2-6所示。

⑥ 单击“Finish”按钮完成VEXcode IQ Blocks的全部安装。这时会在桌面出现快捷方式，如图2-7所示。

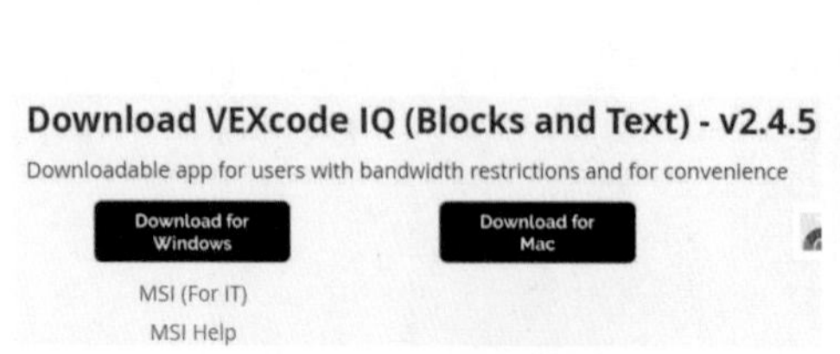

图2-1 下载界面

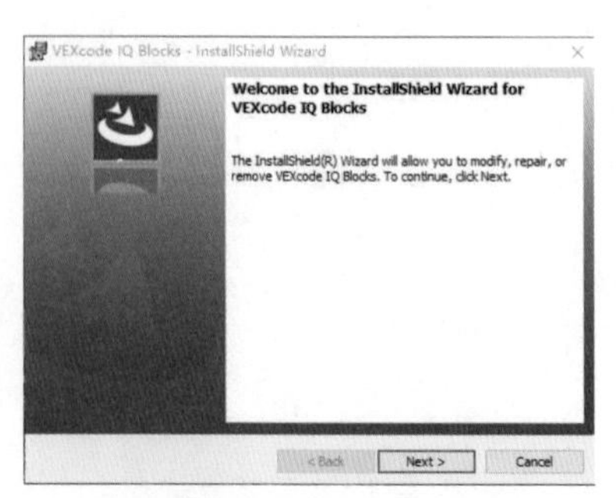

图2-2 安装界面1

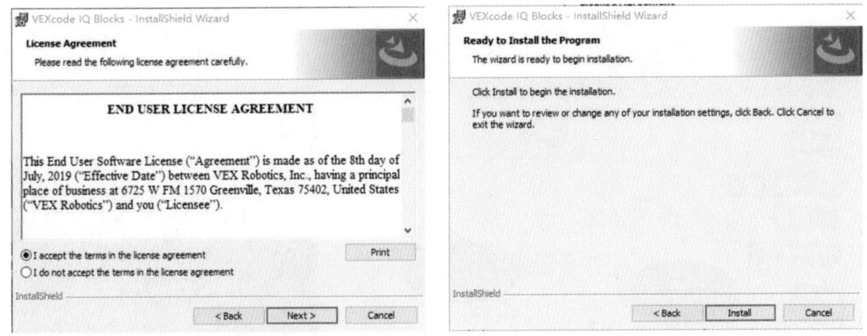

图2-3 安装界面2　　图2-4 安装界面3

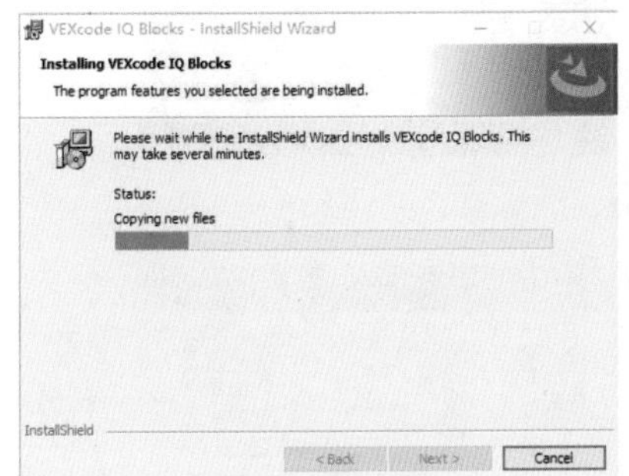

图2-5 安装界面4

图2-6 安装完成界面

图2-7 快捷方式

2.2 VEXcode IQ Blocks的环境

双击快捷方式打开VEXcode IQ Blocks软件，界面如图2-8所示。

VEXcode IQ Blocks支持中文环境，如图2-9所示选择“简体中文”，切换为如图2-10所示的中文编程界面。

① VEXcode IQ Blocks辅导教程内置的26个视频教程，如图2-11所示，涵盖了软件的所有功能，可以快速学习和掌握软件的编程方法。

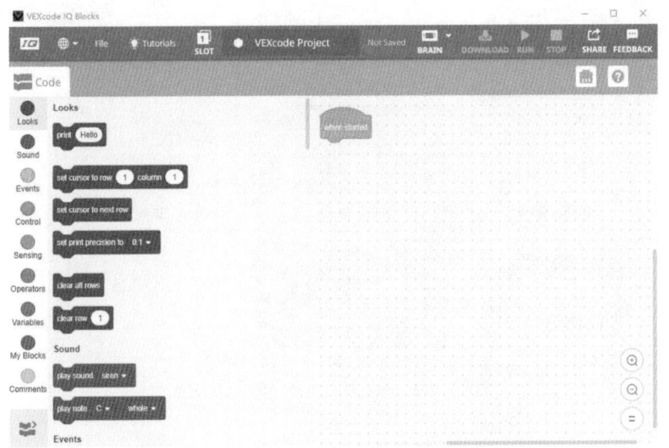

图2-8 VEXcode IQ Blocks编程界面

图2-9 选择编程语言

图2-10　中文编程环境

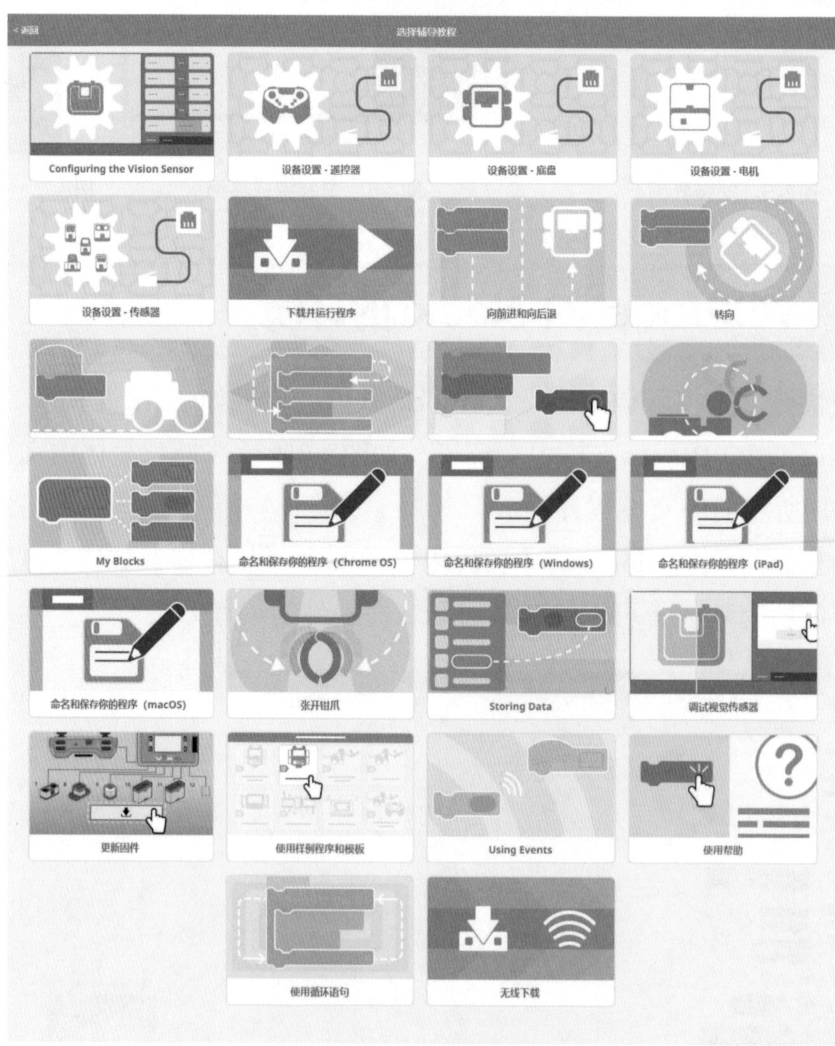

图2-11　视频教程

② “帮助”模块涵盖每一条语句块详细的定义、用法以及应用实例。如图2-12所示，打开问号图标 ，单击需要帮助的指令块，在程序界面的右侧显示该指令块的帮助内容。

③ 40多个可供选择的示例项目，可以从一个现有的项目开始学习，包括控制机器人和各种传感器的编程实例，如图2-13所示。

图2-12 显示帮助

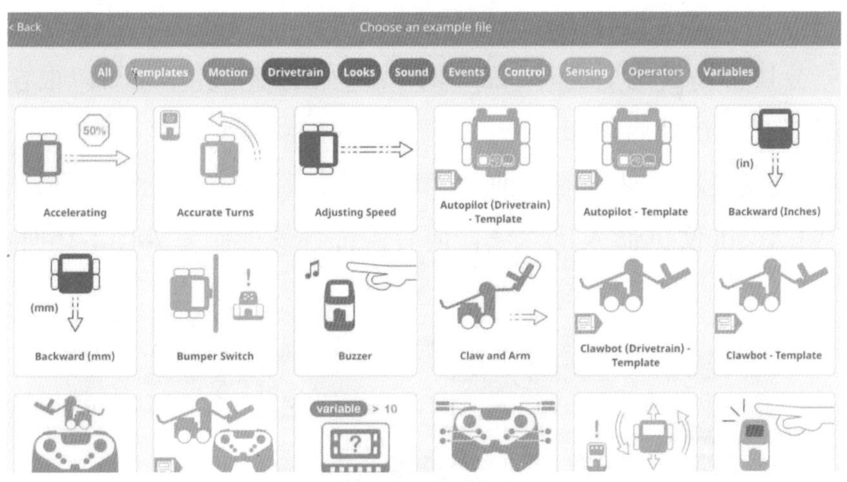

图2-13 编程实例

2.3 VEXcode IQ Blocks软件的特点

VEXcode IQ Blocks为所有年龄段的学生提供了学习机器人编程的机会。VEXcode IQ Blocks通过团队合作、搭建制作、机器人编程和参加竞赛体验等实践项目，激发学生对机器人科学的热情和无限的创造力。

① VEXcode IQ Blocks的设备管理器简单、灵活、功能强大。点击图标[icon]，打开设备管理器，如图2-14所示。任何时候都可以设置机器人的底盘、电机、传感器和遥控器。例如双电机驱动底盘设置，如图2-15所示，端口1设置左电机，端口6设置右电机。

图2-14　设备管理器

图2-15　双驱动底盘设置

② 拖拽式编程更简单直观。对于那些刚开始接触编程的学生来说，VEXcode块是一个完美的机器人编程平台。学生使用简单的拖拽方式来创建功能强大的程序。每个指令块都提供视觉线索，如形状、颜色和标签，让学生可以很容易编程，让他们的机器人更快地启动和运行。

例如，底盘模块驱动机器人前进、后退、精确转弯，设定速度，并使其精确停车，VEXcode使机器人比以往任何时候都容易控制。如图2-16所示，机器走边长为12英寸[1]的正方形程序。

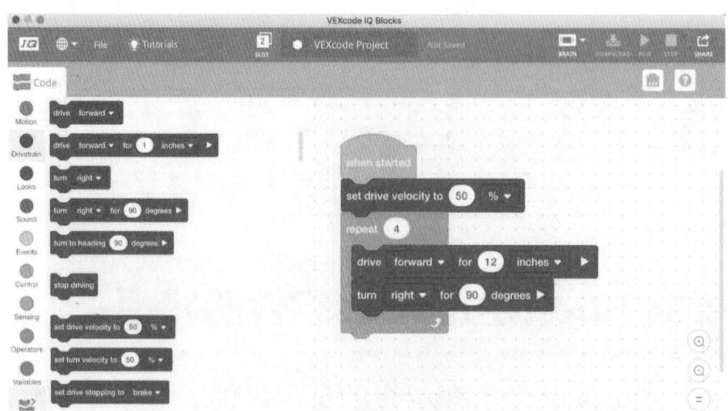

图2-16　机器人运动控制程序

❶ 1英寸≈25.4毫米。

③ 像专业人士一样编码。随着学生成为更有经验的程序员，VEXcode IQ Blocks文本编程可以让学生体验像C语言一样的编程方式。学生通过对VEX机器人编程，积累编程经验，提高编程技能，为将来成为一名专业程序员打下坚实基础。

④ VEXcode IQ Blocks甚至可以帮助学生跨越语言障碍，允许学生用母语阅读块和评论程序。

VEXcode IQ Blocks编程支持简体中文，中文编程环境使得我国学生更容易理解和快速上手编程。

VEXcode IQ Blocks软件界面由菜单区，指令区，编程区，快捷按钮，设置底盘、电机、传感器和遥控器组成，如图2-10所示。因为所有的程序以“当开始”指令块开始执行程序，所以先介绍一下“当开始”指令块 当开始 。

所有新建程序都会自动包含一个“当开始”指令块，程序运行从“当开始”开始执行，然后执行随后的指令段。程序可最多支持3个“当开始”指令块。

2.4 VEXcode IQ Blocks模块

VEXcode IQ Blocks主要分为外观、音效、事件、控制、传感器、运算符、变量等模块。

2.4.1 外观模块

VEXcode IQ Blocks主控制器显示屏幕主要用于实时反馈机器人运行信息。VEXcode IQ Blocks的外观模块用来在屏幕上显示文字、变量值、传感器返回值等信息，经常用来调试程序、显示过程变量值等。外观模块包含的指令块如图2-17所示。

图2-17 外观模块

(1) 打印 打印 你好

打印指令用来在VEXcode IQ Blocks主控制器屏幕打印文本或值。打印指令块将在主控制器屏幕光标位置打印数据，默认光标位于屏幕第1行第1列，且数字默认以整数打印。如果打印小数，使用设定打印

精度指令块来调节打印的小数位数。

实例

➢ 打印字母和数字 打印 sn:123456

➢ 打印变量值 打印 myVariable

➢ 打印运算符计算值 打印 5 + 8

➢ 打印传感器或设备值 打印 Color3 ▾ 亮度百分比

（2）设定光标 设定光标至 2 行 10 列

设定光标行数和列数，从而让所有打印指令在VEXcode IQ Blocks主控制器屏幕指定位置显示。

设定光标的行数接受范围为1～5。设定光标的列数接受范围为1～21。设定光标指令块可接受整数或数字指令块。如图2-18所示为屏幕的行列划分。

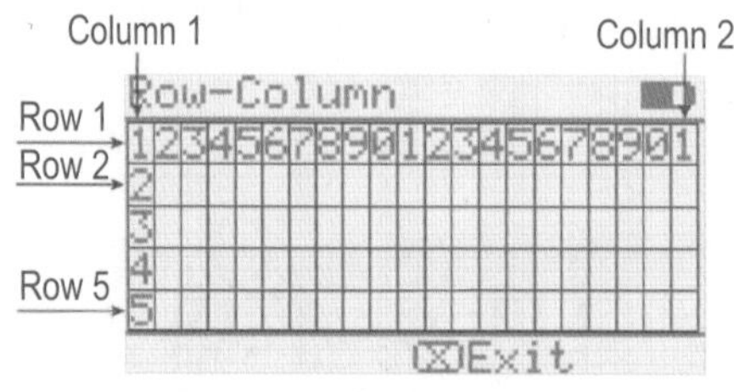

图2-18　屏幕的行列划分

实例1 在屏幕第3行第8列显示“Hello”，如图2-19所示。

图2-19　设定光标实例图

（3）设定光标至下一行 设定光标至下一行

所有程序默认光标从屏幕第1行第1列开始。下一行指令块将在主控制器屏幕上移动光标至下一行。

实例2 打印“Hello！”，然后设定光标至下一行，打印“How are you！”，如图2-20所示。

图2-20 设定光标至下一行实例

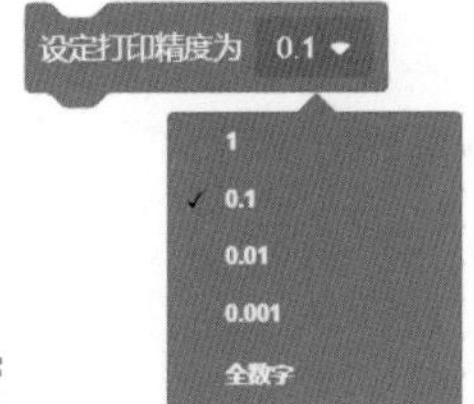

（4）设定打印精度

设定VEXcode IQ Blocks主控制器屏幕打印指令块小数点后的数字位数。选择将要打印到屏幕的指令块的精度级别，指令块将会取整到最近的精度级别。

- 个位（1）（默认）
- 十分位（0.1）
- 百分位（0.01）
- 千分位（0.001）
- 全数字（0.000001）

实例3 打印1.29，若以0.1精度打印则为1.3，若以0.01精度打印则为1.29，如图2-21所示。

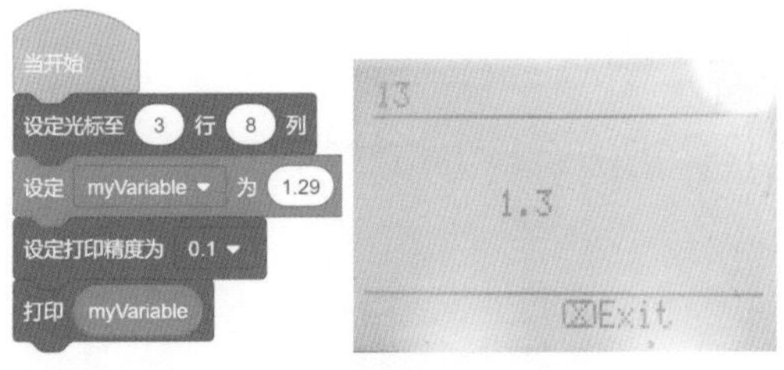

图2-21 设定打印精度实例

（5）清除所有行 清除所有行

清空整个VEXcode IQ Blocks主控制器屏幕。清除所有行后不会重置主控制器的屏幕光标。使用设定光标指令块重置主控制器的屏幕光标到期望的位置。

实例4 打印“Hello”1秒，然后清空整个屏幕，打印“Goodbye”，如图2-22所示。

图2-22 清除所有行实例

（6）清除行 清除第 1 行

清除行指令块可接受1～5之间的整数或数字指令块，来设定清除哪一行。

实例5 第一行打印“Hello！”，第二行打印“welcome！”，第三行打印“glad to meet you！”，然后，清除第二行“welcome！”。参考程序和运行结果如图2-23所示。

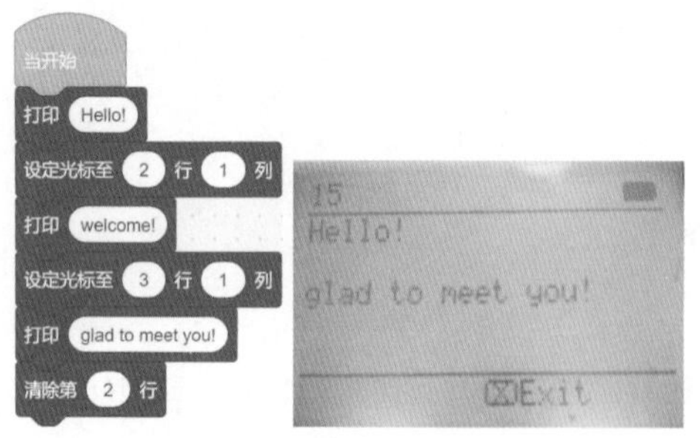

图2-23 程序和运行结果

2.4.2 声音模块

声音模块包括如图2-24所示的2个指令块。

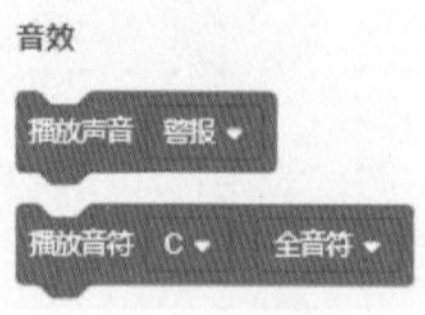

图2-24 声音模块

（1）播放声音 播放声音 警报

播放选定的音效。

实例6 打印1+2=5，发出错题声音，表示错误。等待1秒，打印1+2=3，发出“嗒哒”声，表示正确，如图2-25所示。

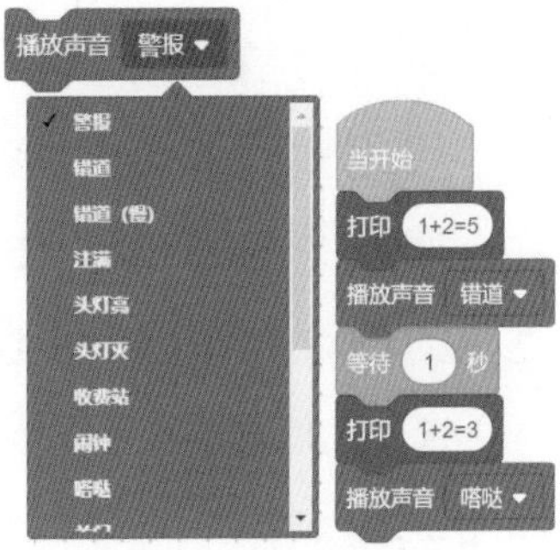

图2-25 播放音效实例

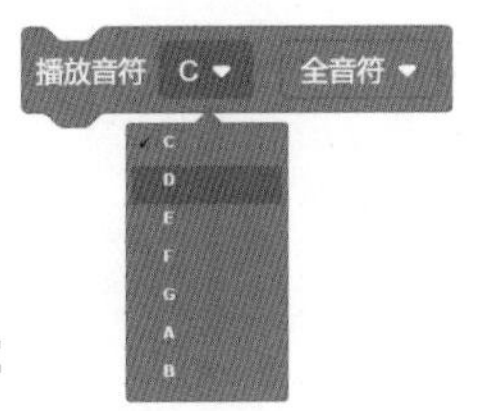

（2）播放音符

播放选定的音符。

实例7 编程弹奏一曲《两只老虎》。曲谱如图2-26所示，参考程序如图2-27所示。

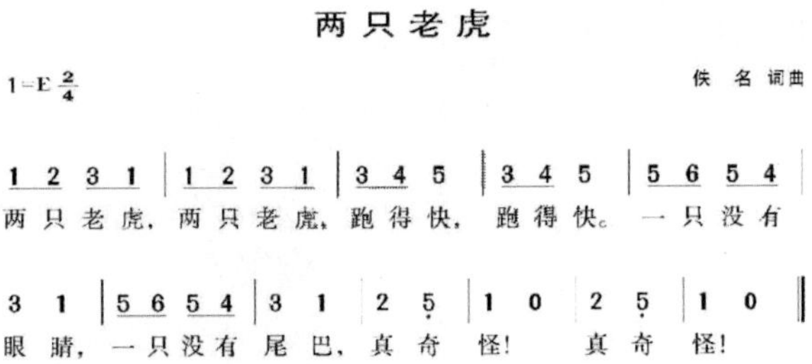

两只老虎

1=E 2/4 佚名 词曲

1 2 3 1 | 1 2 3 1 | 3 4 5 | 3 4 5 | 5 6 5 4 |
两 只 老 虎， 两 只 老 虎， 跑 得 快， 跑 得 快。 一 只 没 有

3 1 | 5 6 5 4 | 3 1 2 5 | 1 0 2 5 | 1 0 ‖
眼 睛， 一 只 没 有 尾 巴， 真 奇 怪！ 真 奇 怪！

图2-26 《两只老虎》曲谱

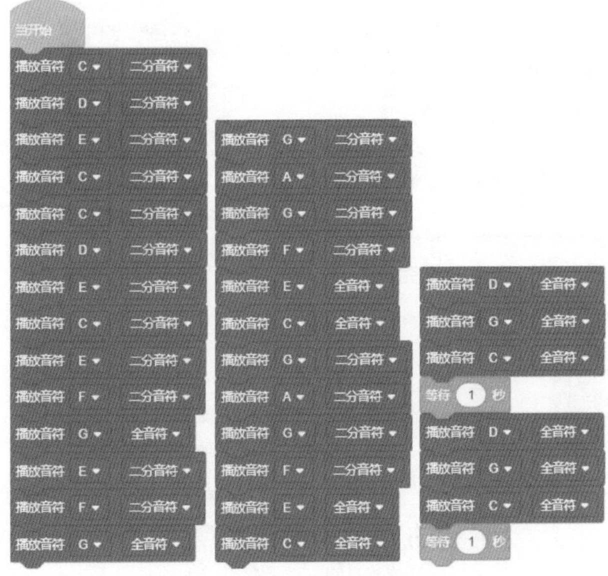

图2-27 《两只老虎》弹奏程序

2.4.3 底盘模块

使用底盘模块，首先需要对底盘传动进行设置，底盘分为双电机底盘和四电机底盘。我们以双电机为例设置底盘，步骤如下：

① 添加底盘。选择“DRIVETRAIN 2-motor”，如图2-28所示。

② 设置端口。端口1接左电机，端口6接右电机，去掉陀螺仪“GYRO”，如图2-29所示。

③ 点击“完成”按钮，设置完毕，如图2-30所示。

④ 指令区显示底盘模块所有指令，如图2-31所示。

图2-28　设备管理器

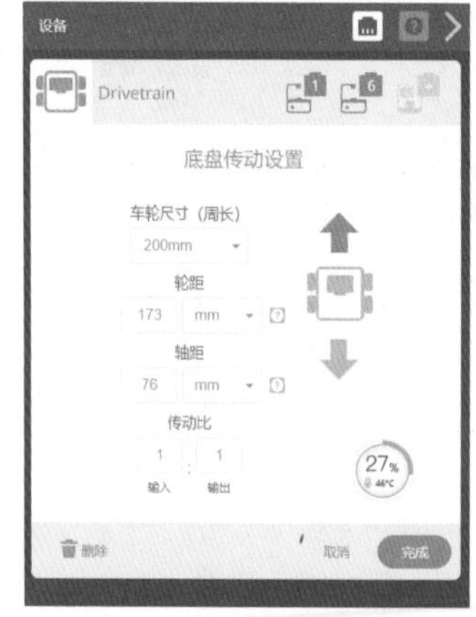

图2-29　底盘传动设置

图2-30　底盘设置完成

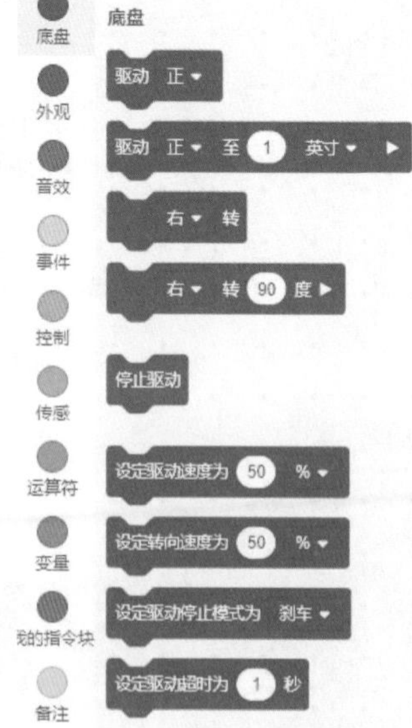

图2-31　底盘所有指令块

（1）驱动

“驱动”指令块将永远驱动底盘，直到使用一个新的底盘指令块或程序才停止。可以选择底盘将要驱动的方向为正或为反。

（2）驱动至

“驱动至”指令块驱动底盘到一个指定的距离。距离可以是小数、整数或数字指令块，单位为英寸或mm（毫米），驱动方向为前进或后退。

- “驱动至”指令块可以选择底盘将要驱动的方向为正或为反。

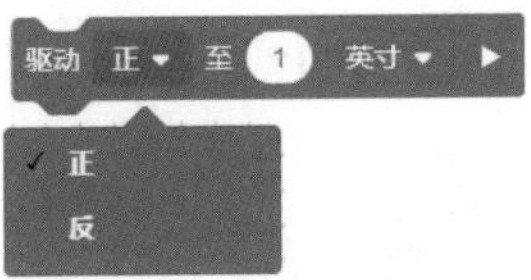

- 驱动底盘到一个指定的距离（英寸或毫米）。

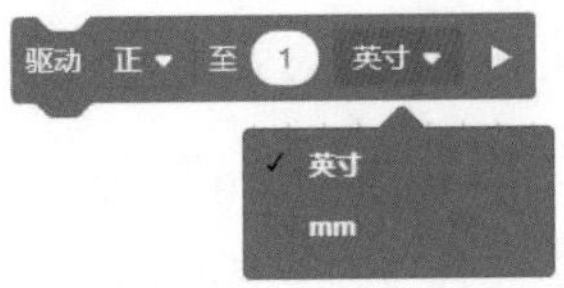

- 指令块默认为箭头不展开状态，例如底盘驱动指令块不展开状态的执行过程为：底盘驱动指令块执行结束，其后的其他指令块才能继续执行。如果选择展开状态，则底盘驱动指令块与其后的指令块同时执行。

（3）转

“转”指令块将永远转动底盘，直到使用一个新的底盘指令块或程序才停止。选择底盘将要转动的方向为左或为右。

（4）转动

“转动”指令块是指底盘转动一定的角度。角度可以是小数、整数或数字指令块。转动方向可以选择左转或右转。

- 选择底盘将要转动的方向。

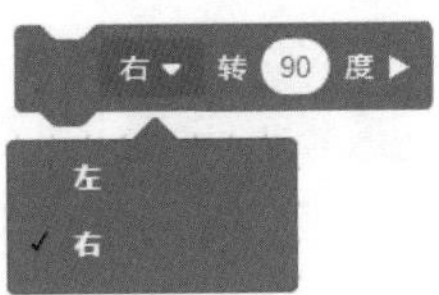

- 输入底盘转动的角度。

- 指令块默认为箭头不展开状态，例如底盘驱动指令块不展开状态的执行

过程为：底盘驱动指令块执行结束，其后的其他指令块才能继续执行。如果选择展开状态，则底盘驱动指令块与其后的指令块同时执行。

（5）停止驱动

“停止驱动”指令块的功能是停止底盘运动。

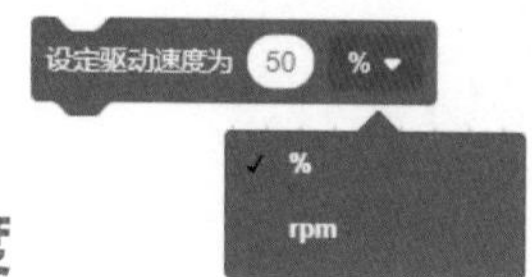

（6）设定驱动速度

“设定驱动速度”指令块是设定底盘的速度。速度范围为－100%～100%或－127～127rpm[1]（转/分）。设定驱动速度不会使底盘运动，底盘运动仍然需要一个驱动指令块。设定底盘速度为负值将使底盘反向运动，设定底盘速度为0底盘将停止运动。速度可以为小数、整数或数字指令块。

实例8 底盘以80（即80%，在程序中设置“80”即可，本书统一作此种表述）的速度前进2秒后停止。参考程序如图2-32所示。

图2-32 设定驱动速度的参考程序

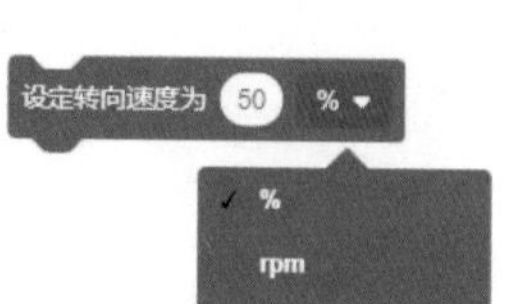

（7）设定转向速度

“设定转向速度”只设定底盘转动速度但不会使底盘转动，底盘转动仍然需要一个转动指令块。速度范围为－100%～100%或－127～127rpm（转/分）。底盘转向速度为负值将使底盘反向转动，底盘转向速度为0时，底盘将停止转动。速度可以是小数、整数或数字指令块。

（8）设定驱动停止模式

“设定驱动停止模式”指令块用来设定底盘停止驱动时的行为，包括刹车、滑行和锁住三种模式。

① 刹车模式将使底盘立即停止。

[1] 1rpm=1r/min=1转/分。

② 滑行模式使底盘逐渐转动至停止。

③ 锁住模式将使底盘立即停止，同时如果有移动，底盘会转回到它停止的位置。

实例9 底盘正向移动3秒，然后在停止的位置锁住。参考程序如图2-33所示。

图2-33 设定驱动停止模式参考程序

（9）设定驱动超时 设定驱动超时为 1 秒

“设定驱动超时”指令块是针对底盘驱动指令设定一个时间限制。当驱动指令块未达到它的位置时，底盘时间限制可用来阻止指令段中其他指令块的运行。也就说，当底盘未达到目的地，但限制时间到了时，驱动指令停止执行，转而执行下一条指令。时间可以是小数、整数或数字指令块。

实例10 底盘前进50英寸，但在前进2秒后，不管是否到达50英寸，都要结束前进驱动指令，转而继续执行下一条条指令。参考程序如图2-34所示。

图2-34 设定驱动超时参考程序

2.4.4 电机模块

使用电机模块，首先需要设置电机。假设有两个电机分别为驱动机械臂上升和下降电机，命名为ArmMotor，驱动机械手打开和关闭的电机，命名为ClawMotor。

① 添加电机。点击MOTOR图标，如图2-35所示。

② 机械臂电机连接端口7，修改电机名称为ArmMotor。修改电机方向为“上升”和“下降”，如图2-36所示。

③ 点击“完成”按钮，完成机械臂电机的设置。

④ 机械手电机连接端口12，修改电机名称为ClawMotor。修改电机方向为“打开”和“关闭”，

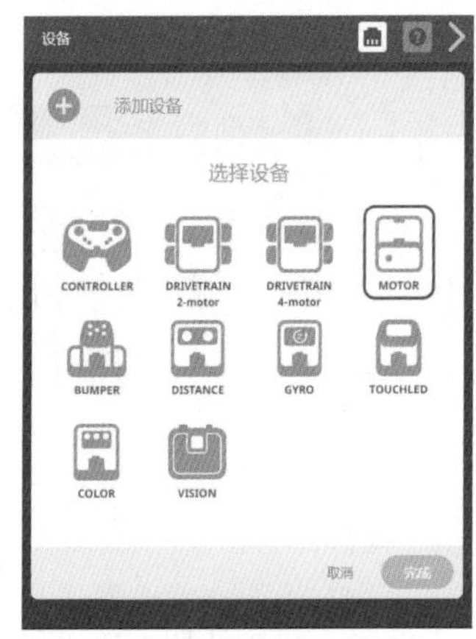

图2-35 设备管理器

如图2-37所示。

⑤ 点击“完成”按钮，完成机械手电机的设置，如图2-38所示。

⑥ 指令区显示运动模块的所有指令块，如图2-39所示。

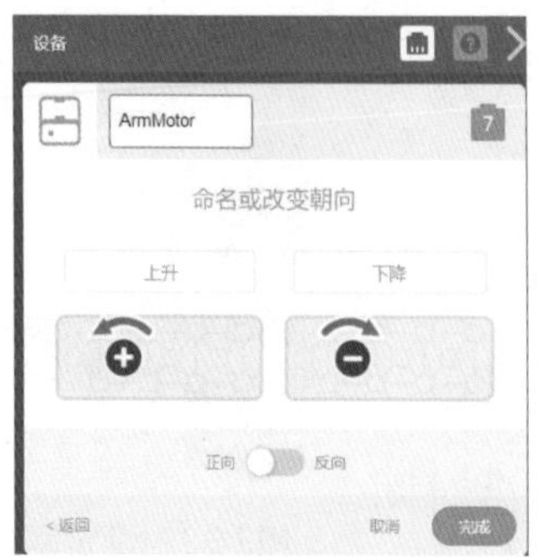

图2-36　机械臂电机设置

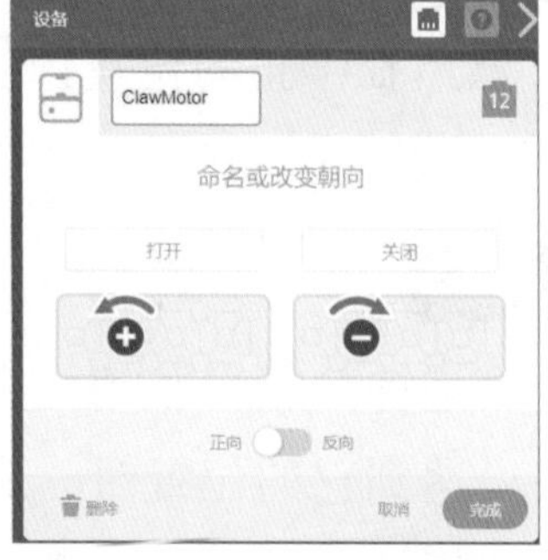

图2-37　机械手电机设置

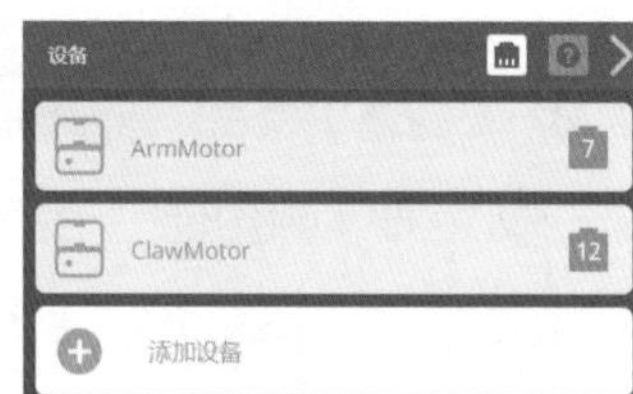

图2-38　机械手电机设置完成

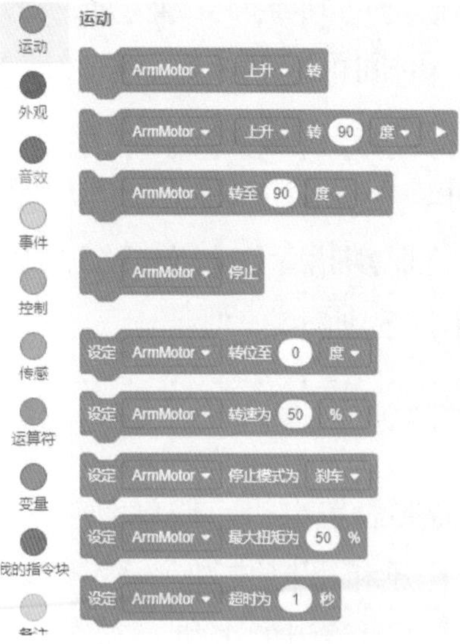

图2-39　电机所有指令块

（1）电机转 ArmMotor 上升 转

“电机转”指令块是指转动一个VEX IQ智能电机直到停止。“电机转”指令块将永远转动电机直到使用一个新的电机指令块或程序才停止。

➢ 选择不同的电机。

➢ 选择电机旋转方向是正转或反转（上升或下降），也可以在设备窗口更改电机转动的方向。

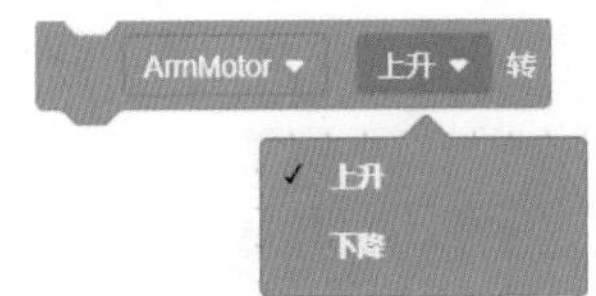

（2）电机转至

“电机转至”指令块是指转动一个电机到一定的角度或转数。“电机转至”指令块将告诉电机从它当前位置以指定方向转动到指定位置，转动的角度或转数可以是小数、整数或数字指令块。默认情况下，指令块为不展开状态，其后指令块需要等待这个指令块执行结束才能继续执行。

➢ 选择使用哪一个电机。

➢ 选择转动的方向。方向可以在设备窗口更改。

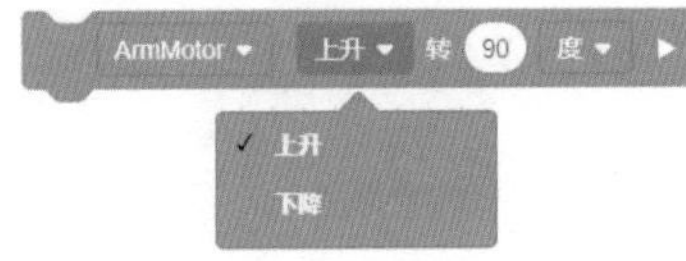

➢ 选择单位为度或转。

➢ 点击指令块的箭头，选择“并且不等待”，使此指令块与其后的指令块同时执行。

（3）电机转至转位

“电机转至转位”指令块是指转动一个VEX IQ智能电机到一定角度或转数。角度或转数可以是小数、整数或数字指令块。“电机转至转位”指令块将告诉电机转动到一个设定的位置。默认情况下，指令块为不展开状态，其后指令块需要等待这个指令块执行结束才能继续执行。

➢ 选择使用哪一个电机。

➢ 选择单位为度或转。

➢ 点击指令块的箭头，选择“并且不等待”，使此指令块与其后的指令块同时执行。

（4）停止电机 ArmMotor 停止

“停止电机”指令块的功能是使电机停止转动。

➢ 选择停止哪一个电机。

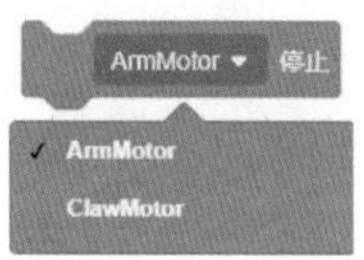

（5）设定电机转位 设定 ArmMotor 转位至 0 度

“设定电机转位”指令块是指设定VEX IQ电机编码器转位为输入值。设定电机转位指令块可用于设定电机转位为任意指定值。通常情况下，设定电机转位指令块通过设定转位为0来重置电机编码器。

➢ 选择使用哪一个电机。

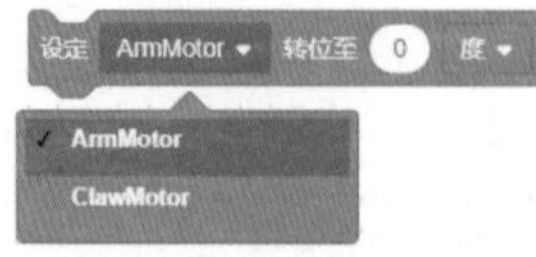

➢ 选择单位为度或转。

（6）设定电机转速

“设定电机转速”指令块用来设定VEX IQ智能电机的转速。转速范围为－100%～100%或－127～127rpm（转/分）。设定电机转速为负值将使电机反转，设定电机转速为0将使电机停止。

➢ 选择使用哪一个电机。

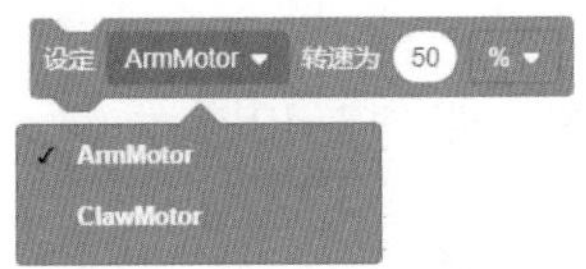

➢ 选择转速单位为%或rpm（转/分）。

（7）设定电机停止模式

“设定电机停止模式”指令块用来设定VEX IQ智能电机停止时的行为。电机停止模式设置完成后将对随后程序中所有电机指令生效。

① 刹车模式将使电机立即停止。

② 滑行模式使电机逐渐地转到停止。

③ 锁住模式将使电机立即停止，同时如果有移动，会转回到它停止的位置。

➢ 选择使用哪一个电机。

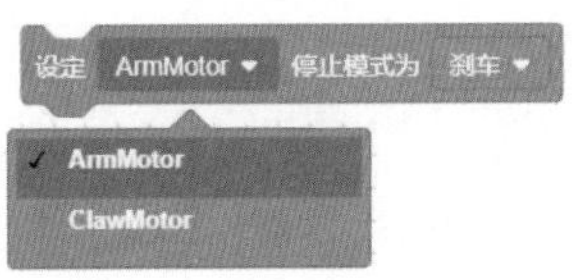

➢ 选择电机停止后的停止模式。

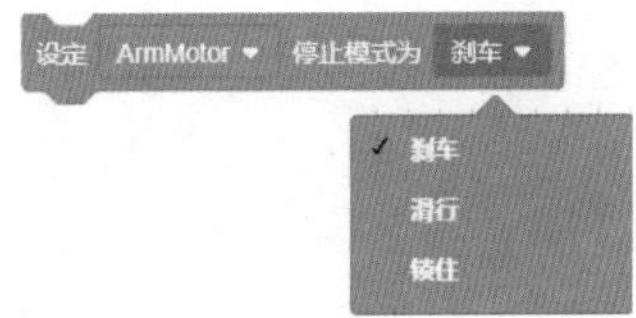

（8）设定电机转矩

“设定电机转矩”指令块用来设定VEX IQ智能电机的力量。电机转矩范围为0～100%。电机转矩可以是小数、整数或数字指令块。

➢ 选择使用哪一个电机。

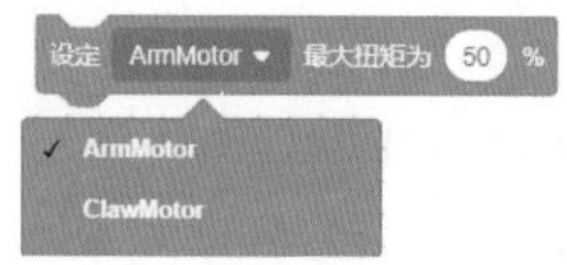

实例11 以最大转矩为30%来使机械手ClawMotor电机转位至50度，这将使机械手可以抓取一个物体，且不会因为力量过大而损坏物体，如图2-40所示。

图2-40　设定电机转矩实例

（9）设定电机超时

“设定电机超时”指令块是针对VEX IQ智能电机运动指令设定一个时间限制。当驱动指令块未达到它的转位，电机时间限制可用来防止驱动指令块阻止指令段中其他指令块的运行。

例如一个电机设定到一定位置，但由于机械臂或机械手达到它的机械限制且无法完成它的转动位置时，程序无法继续执行。如果设定电机超时，则当达到设定时间，不管机械臂或机械手是否到达指定位置，都要停止执行而继续执行下一条指令块。时间可以是小数、整数或数字指令块。

➢ 选择电机。

实例12 如果机械手电机未转至200度位置，在2秒后结束设定电机指令。当时间限制或目标达到，机械手电机将转位到0度。参考程序如图2-41所示。

图2-41　设定电机超时参考程序

2.4.5 事件模块

为了全面讲解事件模块，首先需要对底盘传动进行设置，添加电机、触屏传感器（TouchLED）、触碰传感器（Bumper）。

① 添加底盘。端口1–左电机LeftMotor；端口6–右电机 RightMotor。底盘设置如图2-42所示。

图2-42 底盘设置

② 添加电机。端口7–机械臂电机ArmMotor，如图2-43所示。端口12–机械手电机 ClawMotor，如图2-44所示。

③ 添加触屏传感器。端口2–OnTouchLED，如图2-45所示。端口5–OffTouchLED，如图2-46所示。

④ 添加触碰传感器。端口8–LeftBumper，如图2-47所示。端口11–RightBumper，如图2-48所示。

⑤ 所有设备列表如图2-49所示。

⑥ 添加完设备后的事件模块所有指令块如图2-50所示。

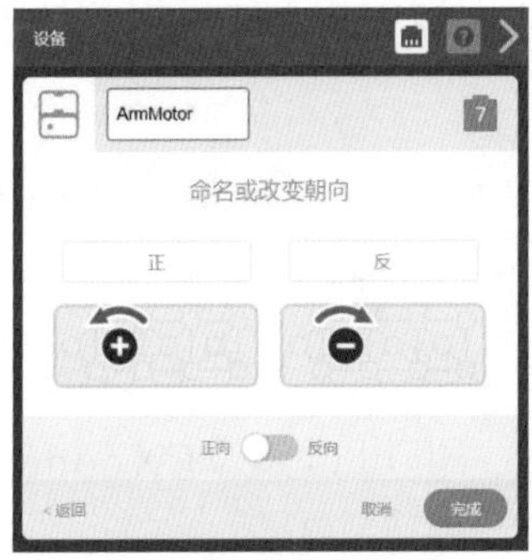

图2-43 机械臂电机设置

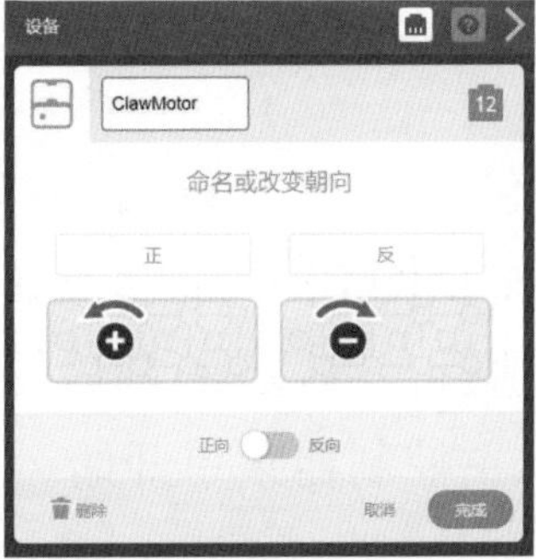

图2-44 机械手电机设置

图2-45 触屏传感器设置1

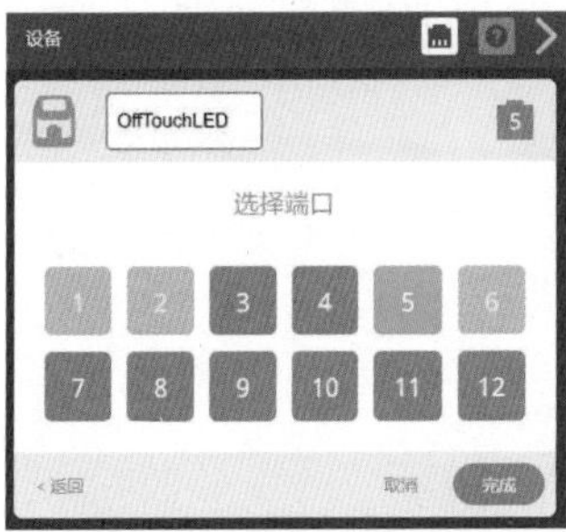

图2-46 触屏传感器设置2

图2-47 触碰传感器设置1

图2-48 触碰传感器设置2

图2-49　设备列表

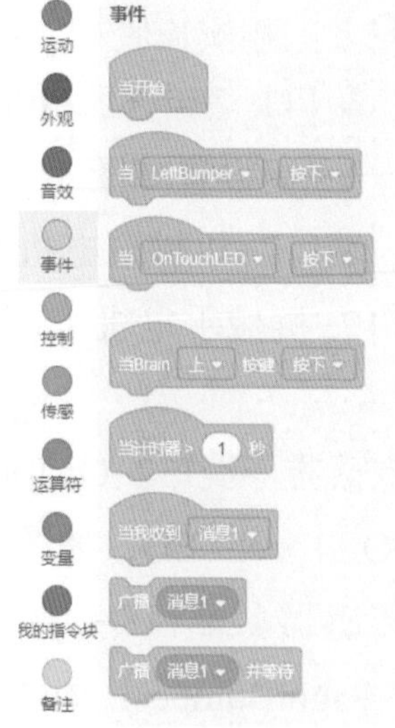

图2-50　事件模块所有指令块

（1）当开始

多任务是指机器人可以同时执行多个程序，且每个程序都独立运行，互不影响。

所有新建程序都会自动包含一个“当开始”指令块，程序可最多支持3个“当开始”指令块，即VEXcode IQ Blocks最多支持同时运行3个任务。

程序从“当开始”开始执行，然后执行随后的指令段。“当开始”指令块可以从VEXcode IQ Blocks主控制器菜单开始运行，也可以从VEXcode IQ Blocks 运行按钮开始运行。

（2）当触碰传感器（Bumper）

“当触碰传感器”指令块是指当指定的VEX IQ触碰传感器被按下或松开时，运行随后的指令段。

➢ 选择使用哪一个触碰传感器。

➢ 选择哪一个动作将触发事件——按下或松开。

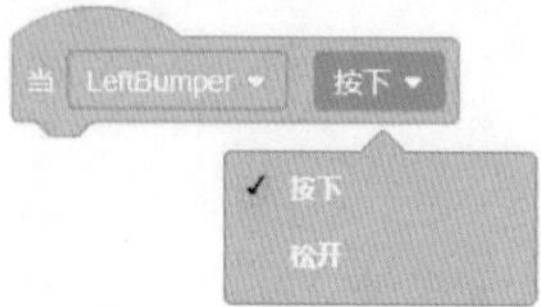

（3）当触屏传感器（TouchLED） 

“当触屏传感器”指令块是指当指定的VEX IQ触屏传感器被按下或松开时，运行随后的指令段。

➢ 选择使用哪一个触屏传感器。

➢ 选择哪一个动作将触发事件——按下或松开。

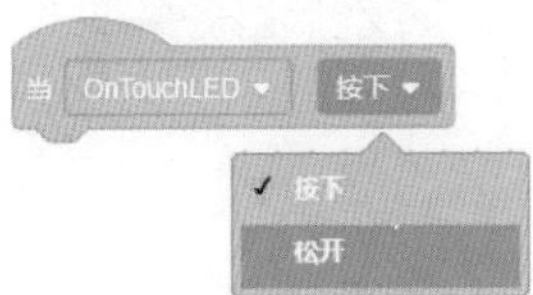

（4）当控制器按键

“当控制器按键”指令块是指当指定的VEX IQ主控制器按键被按下或松开时，运行随后的指令段。

➢ 选择使用控制器哪一个按键。

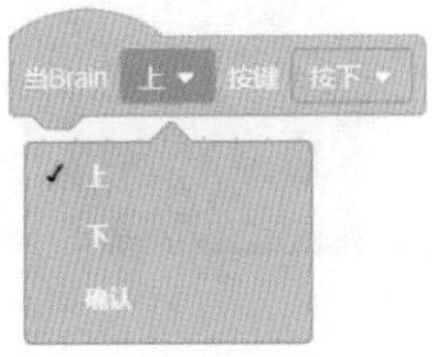

➢ 选择哪一个动作将触发事件——按下或松开。

（5）当计时器

“当计时器”指令块是指当VEX IQ计时器大于指定值时，运行随后的指令段。在每个程序开始时，控制器的计时器开始计时。当控制器的计时器大于输入时间时，才开始运行随后的指令段。“当计时器”指令块可接受小数或整数值，但不能接受其它数字指令块。

（6）当我收到消息

“当我收到消息”指令块是指当收到指定的广播消息时，运行随后的指令段。

“当我收到消息”指令块中的消息只会来自一个不同指令段中的“广播”或“广播并等待”指令块。

选择接收哪一条消息，也可以生成一条新消息。

（7）广播

“广播”指令块是指广播一个消息来激活任何以“当我收到消息”指令块开始且正在监听广播消息的指令段。

- 发送广播的指令段和收到广播消息的指令段同步运行。

- 选择广播哪一条消息，也可以生成一条新消息。

实例13 VEX IQ触屏传感器OnTouchLED亮红灯，等待2秒后广播消息1。一旦消息被接收，当我收到消息1时，执行指令段正向驱动底盘和张开机械手。

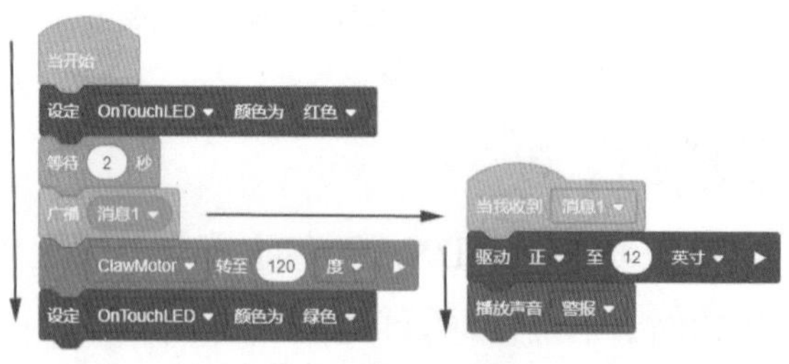

图2-51 程序运行顺序

如图2-51所示，红色箭头所示两个指令段将继续同时运行。

（8）广播并等待

“广播并等待”指令块是指广播一个消息来激活任何以“当我收到消息”指令块开始且正在监听广播消息的指令段，同时暂停后续的指令段。发送广播的指令段将暂停，直到广播消息的指令段运行完成才能继续执行发送广播指令块下面的指令段。

选择广播哪一条消息，也可以生成一条新消息。

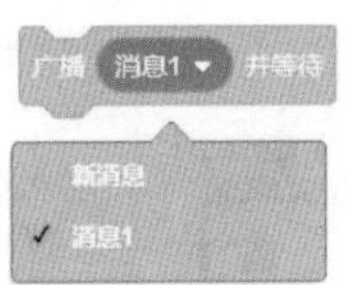

实例14 VEX IQ触屏传感器亮红灯，等待2秒后广播消息1。一旦消息被接收，当我收到消息指令块将正向驱动底盘并且播放一个音效。

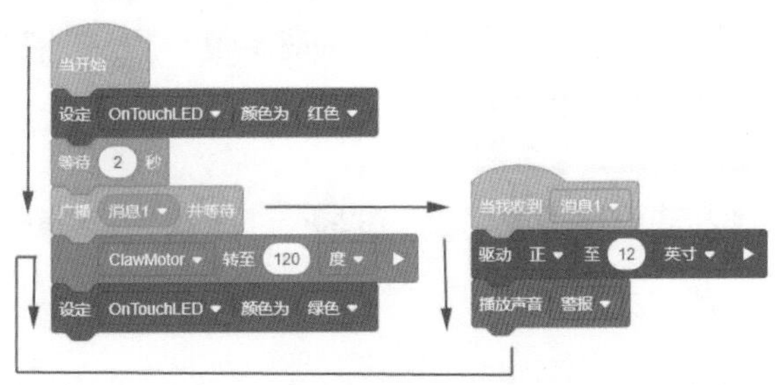

图2-52 程序运行顺序

如图2-52中红色箭头所示，在继续运行后续指令块之前，正在广播消息的指令段将等待，直到收到消息的指令段运行完成，再继续执行下面的一段程序。

2.4.6 控制模块

在工作和生活中，我们常常面临复杂的选择，有时选择条件不止一个，会出现多个条件进行判断，并且在条件中还会包含着其他的条件（在编程中称为条件语句的嵌套）。这时，我们需要保持头脑清醒，一步步仔细分析问题中的那些条件，既不要重复，也不要遗漏，并且学会用VEXcode IQ Blocks中的条件语句块将这些条件准确、清晰地表示出来。

控制模块中包含了我们常用的循环结构和分支结构的各种用法，不管是循环结构还是分支结构都需要根据条件的判断结果来执行程序。

首先设置底盘，如图2-53所示。左电机LeftMotor–端口1，右电机RightMotor–端口6；机械臂电机ArmMotor–端口7；机械手电机ClawMotor–端口12；触屏传感器OnTouchLED–端口2，OffTouchLED–端口5；触碰传感器LeftBumper–端口8，RightBumper–端口11。

控制模块所有指令块如图2-54所示。

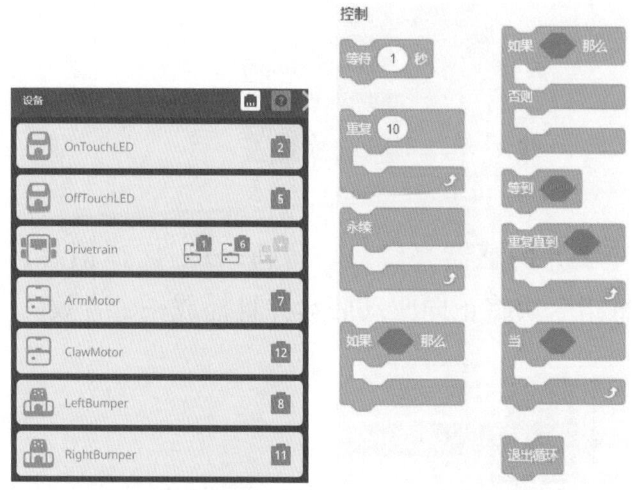

图2-53　设备设置　　　　图2-54　控制模块所有指令块

(1) 等待

等待指令块是指在移动到下一条指令块之前等待指定的时间。直接输入等待的时间即可，例如3.75。等待指令块可接受小数、整数或数字指令块。

(2) 重复

重复也就是我们常用的“循环结构”，任何编程语言编写的程序中都有循环结构语句。事实上，计算机非常擅长处理大量的重复性的工作，并且不会感到疲倦和厌烦，而且只要程序编好了，计算机可以不分昼夜地进行重复性的劳动，在这方面计算机远远超过人类。

重复语句块就是当循环条件满足时，重复执行一些命令，直到循环条件不满足为止。但有的时候，根据需要，我们也可以让循环无限制地执行下去，这种循环又叫“无限循环”。有时无限循环也是非常有用的，例如用在机器人遥控程序中。

“重复”指令块是一个有限循环结构，有重复次数的循环也叫确定性循环，就是说循环次数是可以事先确定的，它会以设定的次数重复执行所包含的任何指令块。C型控制指令块也可以互相被放入，这个概念叫作嵌套，在编程不同行为时可以帮助节省时间。

输入一个值来指定重复指令块所含的指令段的重复次数。重复C型控制指令块可接受整数或数字指令块。

（3）永久循环

“永久循环”指令块（即旧版本的“永续”指令块）是一个无限循环结构，该循环可以无限制地重复执行所包含的任何指令块，直到终止程序。你可以通过放入一个退出循环指令块退出永久循环。C型控制指令块也可以互相被放入，这个概念叫作嵌套，在编程不同行为时可以帮助节省时间。

（4）如果……那么

分支控制语句块可以是单条件判断、双分支条件判断、多分支条件判断。

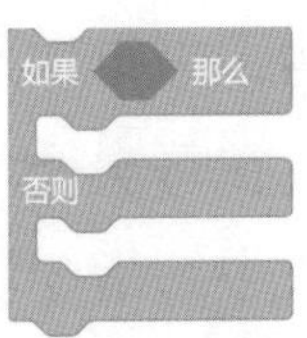

“如果……那么”指令块是一个选择分支结构，如果布尔条件报告为真值，则执行所包含的任何指令块。“如果……那么”指令块只会检测一次布尔条件值。如果布尔条件报告为真，则执行“如果……那么”指令块中的指令块；如果布尔条件报告为假，则跳过“如果……那么”指令块中的指令块，从而继续执行选择结构下面的指令块。

“如果……那么”指令块可接受六边形指令块作为它的条件。

（5）等到

“等到”指令块是一个循环结构，一直重复执行“等到”指令块前面的指令块，直到检测到布尔条件为真。也就是说“等到”指令块将重复检测条件的布尔值，直到这个条件为真，才会继续执行下一条指令块。

“等到”指令块可接受六边形指令块作为它的条件。

（6）重复直到

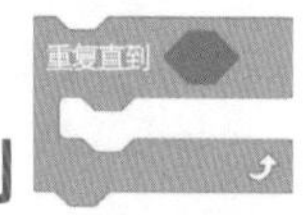

“重复直到”指令块是一个循环结构，它会重复执行所包含的任何指令块，直到检测布尔条件为真。“重复直到”指令块只在每次循环开始时检测布尔条件。如果布尔条件为假，则“重复直到”指令块中的指令块将运行；如果布尔条件为真，则“重复直到”指令块中的指令块将被跳过。

“重复直到”C型控制指令块可接受六边形指令块作为它的条件。

（7）当

“当”指令块是一个循环结构，当布尔条件为真时，重复执行内部指令段的所有指令块。“当”指令块只会在每次循环开始时检查布尔条件。如果布尔条件为真，则包含在“当”指令块中的指令块将运行；如果布尔条件为假时，则包含在“当”指令块中的指令块将被跳过。

“当”指令块可接受六边形指令块作为它的条件。

（8）退出循环

“退出循环”指令块是指直接退出一个正在重复的循环。当“退出循环”

指令块添加到循环控制指令块中，程序执行到“退出循环”指令块时将无条件退出它当前所在的循环。

图2-55 退出循环参考程序

实例15 底盘正向驱动并检验触碰传感器是否被按下。如果被按下，“退出循环”指令块将退出永久循环并且底盘停止运动。参考程序如图2-55所示。

2.4.7 传感器模块

VEX IQ的传感器有触屏传感器、触碰传感器、距离传感器、陀螺仪传感器、颜色传感器和视频传感器。我们首先在设备对话框中添加底盘、电机和传感器，如图2-56所示。

传感器模块所有指令块如图2-57所示。

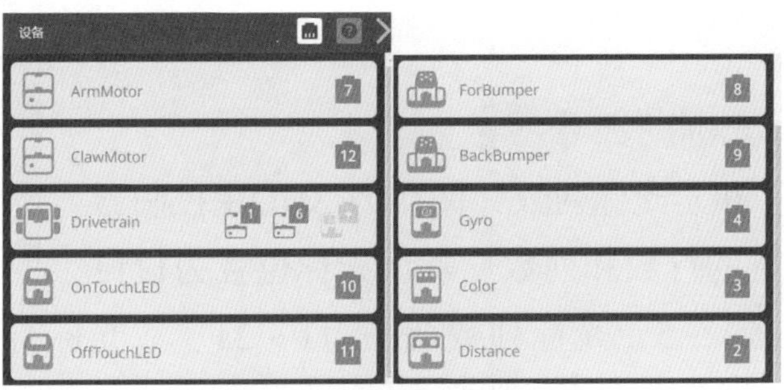

图2-56 电机、传感器设置

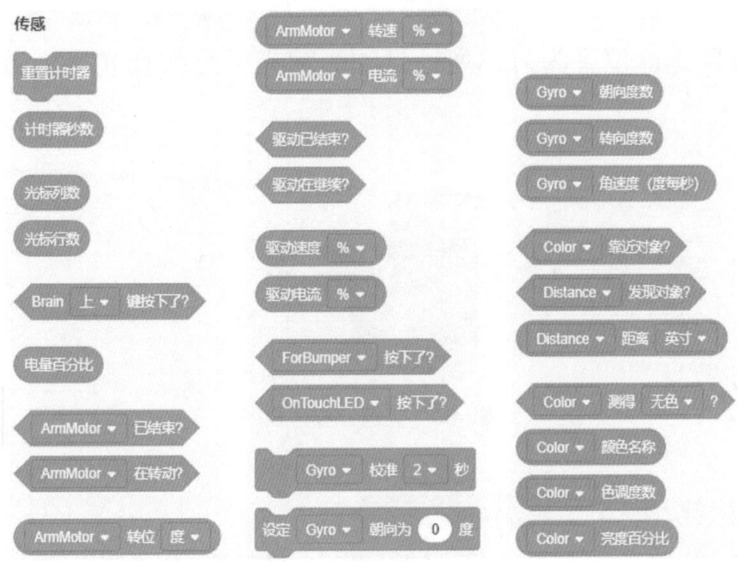

图2-57 传感器模块指令块

2.4.7.1 | 控制器、电池

未添加任何设备时，传感器模块的指令块如图2-58所示。

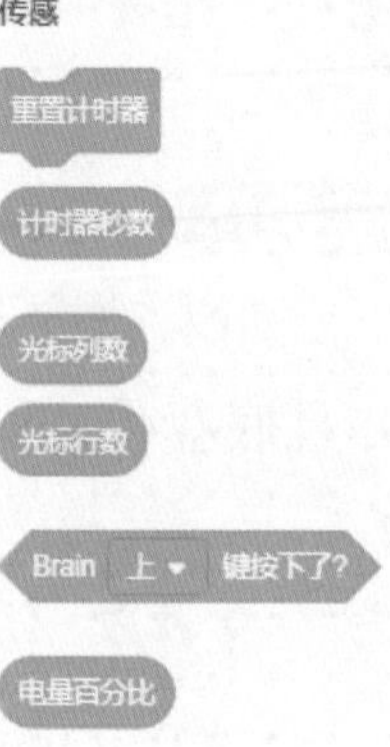

图2-58 控制器和电池指令块

（1）重置计时器、计时器秒数 重置计时器 计时器秒数

VEX IQ控制器内置计时器，程序一启动，计时器就开始计时，用户程序应在使用前重置计时器，因此“重置计时器”指令块将指定的计时器的值重置为零。

“计时器秒数”指令块用来保存VEX IQ主控制器内置计时器数值。在程序开始时，计时器从0开始计时并保存数值。“计时器秒数”指令块可用在圆形空白指令块中。

实例16 播放一个音效4.5秒之后停止。参考程序如图2-59所示。

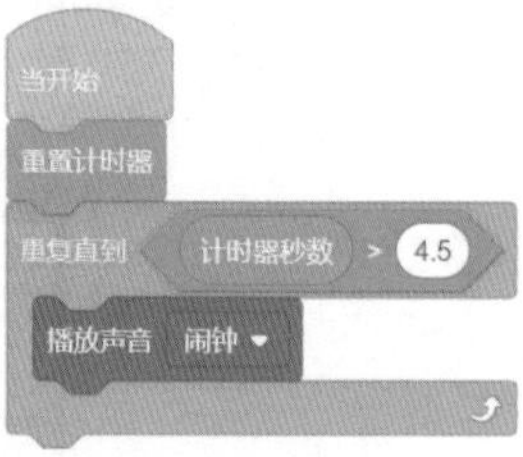

图2-59 实例16参考程序

（2）光标行数、光标列数 光标行数 光标列数

“光标行数”和“光标列数”保存VEX IQ主控制器屏幕当前光标位置的行数和列数。默认光标位置为1行1列。光标行数范围1～5，光标列数范围为1～21。“光标行数”和“光标列数”指令块可用在圆形空白指令块中。

实例17 设置光标位置为3行8列，打印当前光标行数和光标列数。参考程序如图2-60所示。

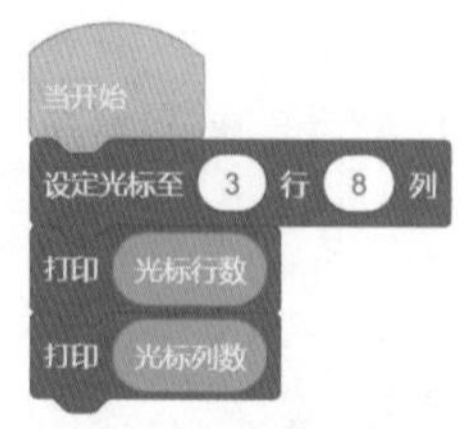

图2-60 实例17参考程序

（3）主控制器按键按下 Brain 上 键按下了?

“主控制器按键按下”指令块返回值为“真”或“假”。如果被选择的

主控制器按键被按下，则“主控制器按键按下”指令块返回值为“真”；如果被选择的主控制器按键未按下，则“主控制器按键按下”指令块返回值为“假”。

➢ 选择使用主控制器的哪一个按键。

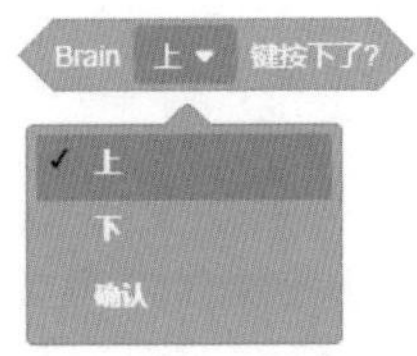

➢ “主控制器按键按下”指令块可用在六边形空白的指令块中。

等到 Brain 上 键按下了?

实例18 制作一个计数器。按控制器向上箭头，则加1，并显示在屏幕上。参考程序如图2-61所示。

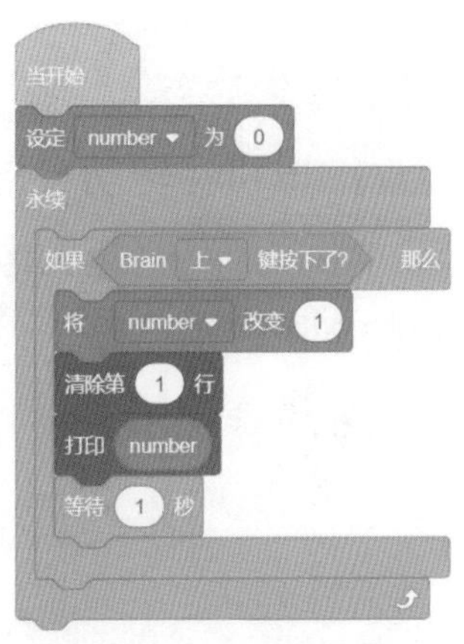

图2-61 实例18参考程序

（4）电量百分比 电量百分比

“电量百分比”指令块保存VEX IQ主控制器电池的实时电量水平，电量百分比范围为0～100%。“电量百分比”指令块可用在圆形空白指令块中。

实例19 如果VEX IQ主控制器电量百分比低于80%则报警。参考程序如图2-62所示。

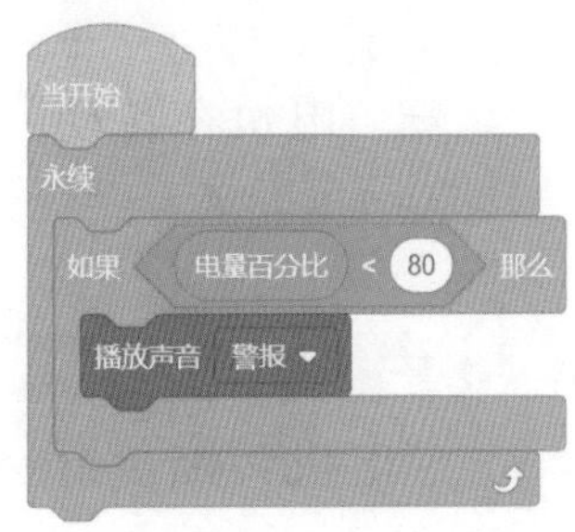

图2-62 实例19参考程序

2.4.7.2 | 电机

添加电机设备。端口7–机械臂电机ArmMotor；端口12–机械手电机ClawMotor。电机模块指令块如图2-63所示。

图2-63 电机模块指令块

（1）电机已结束

“电机已结束”指令块用来判断当前电机转动是否完成，其返回值为“真”或“假”。当指定的电机转动已完成，“电机已结束”指令块返回值为真，当指定的电机仍在转动，“电机已结束”指令块返回值为假。

➢ 选择使用哪一个电机。

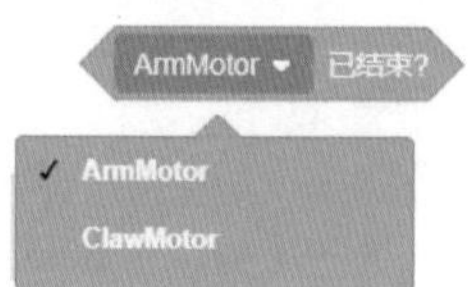

➢ “电机已结束”指令块可用在六边形空白指令块中。

（2）电机在转动 ArmMotor 在转动?

“电机在转动”指令块用来判断当前电机是否在转动，其返回值为“真”或“假”。当指定的电机正在转动，“电机在转动”指令块返回值为真，当指定的电机转动已停止，“电机在转动”指令块返回值为假。

➢ 选择使用哪一个电机。

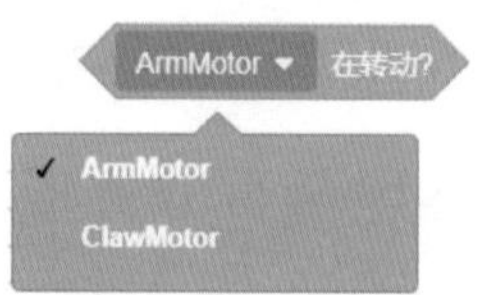

➢ “电机在转动”指令块可用在六边形空白指令块中。

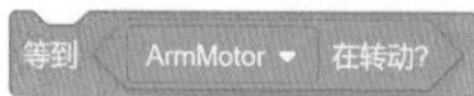

（3）电机转位 ArmMotor 转位 度

“电机转位”指令块用来保存当前电机转动的位置，其值可以是整数或小数，单位为度或转。

➢ 选择使用哪一个电机。

➢ 选择电机转动的单位为度或转。

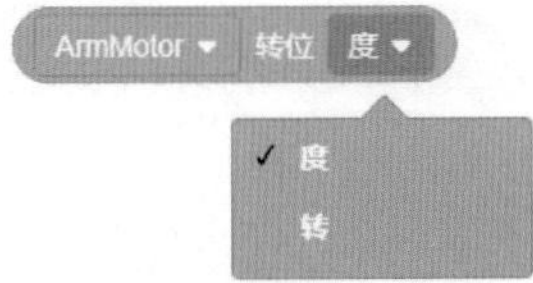

➢ “电机转位”指令块可用在圆形空白指令块中。

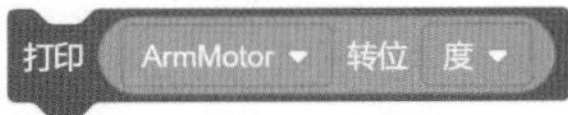

（4）电机转速

“电机转速”指令块用来保存当前VEX IQ电机转速，电机转速范围为－100%～100%或－127～127rpm。

➢ 选择使用哪一个电机。

➢ 选择电机转速的单位为%或rpm（转/分）。

➢ “电机转速”指令块可用在圆形空白指令块中。

（5）电机电流

“电机电流”指令块用来保存当前VEX IQ电机使用的电流值，其值范围为0～100%或0.0～1.2amps（安）。

➢ 选择使用哪一个电机。

➢ 选择电机电流单位，%或amps（安）。

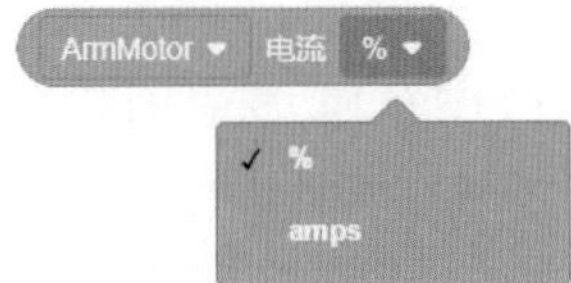

➢ “电机电流”指令块可用在圆形空白指令块中。

2.4.7.3 | 底盘

添加底盘设备。端口1–左电机LeftMotor；端口6–右电机RightMotor。底盘模块的指令块如图2-64所示。

图2-64 底盘模块指令块

（1）驱动已结束

“驱动已结束”指令块用来判断底盘当前驱动是否结束，其返回值为“真”或“假”。当底盘电机完成驱动时，“驱动已结束”指令块返回值为真；当底盘电机仍在驱动，“驱动已结束”指令块返回值为假。

“驱动已结束”指令块可用在六边形空白指令块中。

（2）驱动在继续

“驱动在继续”指令块用来判断底盘是否正在驱动，其返回值为“真”或“假”。当底盘电机正在驱动，“驱动在继续”指令块返回值为真；当底盘电机已停止，“驱动在继续”指令块返回值为假。

“驱动在继续”指令块可用在六边形空白指令块中。

（3）驱动速度

“驱动速度”指令块实时保存底盘当前速度。驱动速度值的范围为–100%～100%或–127～127rpm。

➢ 选择驱动速度的单位，%或rpm（转/分）。

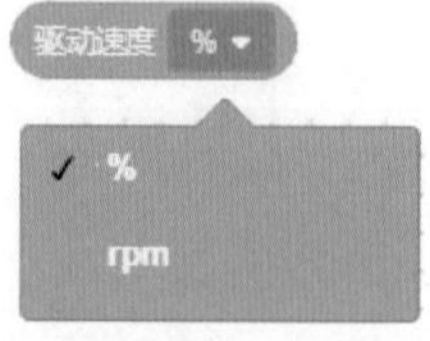

➢ “驱动速度”指令块可被用在圆形空白指令块中。

（4）驱动电流 驱动电流 % ▾

“驱动电流”指令块实时保存底盘当前电流值，驱动电流值的范围为0～100%或0.0～1.2amps。

➢ 选择驱动电流的单位，%或amps（安）。

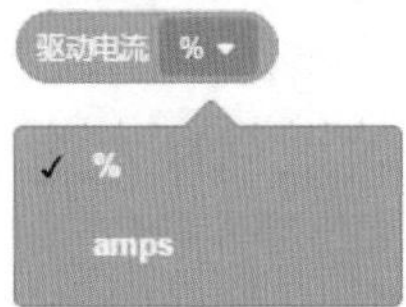

➢ “驱动电流”指令块可被用在圆形空白指令块中。

2.4.7.4 | 触屏传感器和触碰传感器

添加触屏传感器和触碰传感器。端口10-OnTouchLED；端口11-OffTouchLED，端口8-ForBumper；端口9-BackBumper。触屏传感器和触碰传感器指令块如图2-65所示。

图2-65 触碰传感器和触屏传感器指令块

（1）触碰传感器按下 ForBumper ▾ 按下了?

“触碰传感器按下”指令块判断VEX IQ碰撞开关是否被按下。“触碰传感器按下”指令块的返回值为真或假。如果触碰传感器被按下，“触碰传感器按下”指令块的返回值为真；如果触碰传感器未被按下，“触碰传感器按下”指令块的返回值为假。

➢ 选择使用哪一个触碰传感器。

➢ “触碰传感器按下”指令块可用在六边形空白指令块中。

（2）触屏传感器按下 OnTouchLED ▾ 按下了?

“触屏传感器按下”指令块判断VEX IQ触屏传感器是否被按下。“触屏传感器按下”指令块的返回值为真或假。如果触屏传感器按下，“触屏传感器按下”指令块的返回值为真；如果触屏传感器未被按下，“触屏传感器按下”

指令块的返回值为假。

➢ 选择使用哪一个触屏传感器。

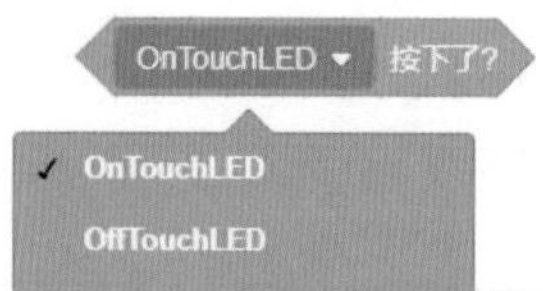

➢ “触屏传感器按下”指令块可用在六边形空白指令块中。

2.4.7.5｜陀螺仪传感器

添加陀螺仪传感器。端口4–Gyro，陀螺仪传感器指令块如图2-66所示。

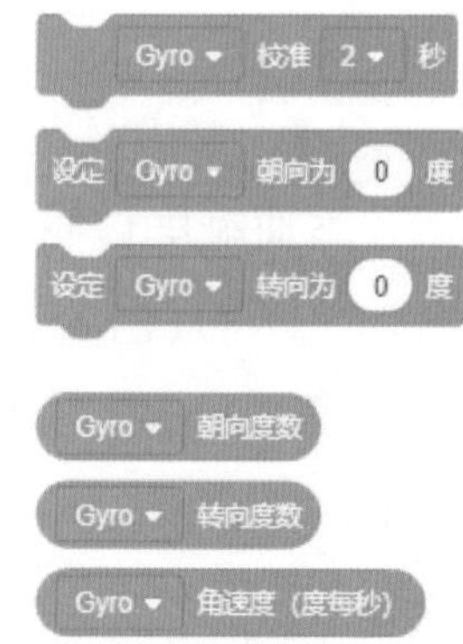

图2-66　陀螺仪传感器指令块

（1）校准陀螺仪传感器

“校准陀螺仪传感器”指令块用于减小由陀螺仪传感器产生的漂移值，即使陀螺仪传感器没有移动，陀螺仪传感器错误检测运动时也会产生漂移，在校准过程中陀螺仪传感器必须保持静止。

➢ 选择使用哪一个陀螺仪传感器。

➢ 选择校准时长，校准时间越长，漂移越小。

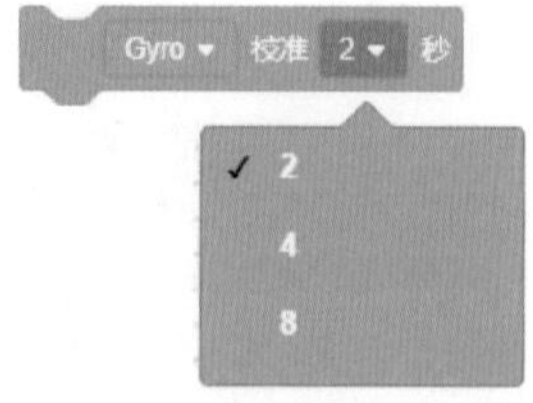

（2）设定陀螺仪传感器归位

“设定陀螺仪传感器归位”指令块可以设定陀螺仪传感器复位角度值，角度值范围为0度～360度。“设定陀螺仪传感器归位”指令块可接受小数、整数或数字指令块。

➢ 陀螺仪传感器逆时针方向为正方向，如2-67所示。

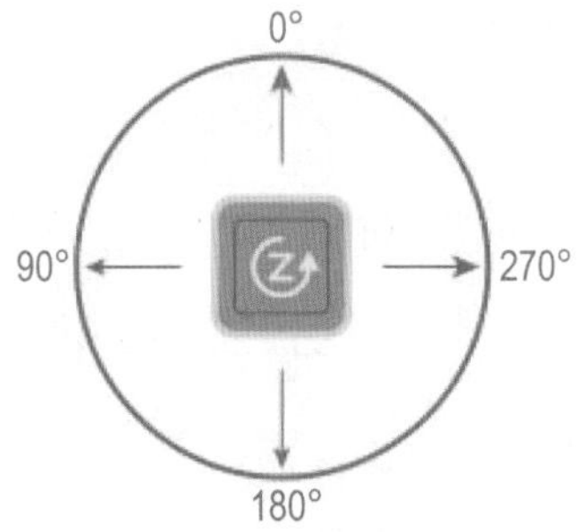

图2-67　转角方向

➢ 选择使用哪一个陀螺仪传感器。

（3）设定陀螺仪传感器转向 设定 Gyro 转向为 0 度

“设定陀螺仪传感器转向”指令块设定陀螺仪传感器转向角度值，“设定陀螺仪传感器转向”指令块可用于设定底盘转向角度至任意指定的正值（逆时针）或负值（顺时针）。“设定陀螺仪传感器转向”指令块可接受一定范围内任意小数或整数的正值、负值或数字指令块。

➢ 选择使用哪一个陀螺仪传感器。

（4）陀螺仪传感器归位 Gyro 朝向度数

“陀螺仪传感器归位”指令块保存陀螺仪当前归位角度值，角度值范围为0.00度～359.99度。

➢ “陀螺仪传感器归位”逆时针为正，如图2-67所示。

➢ 选择使用哪一个陀螺仪传感器。

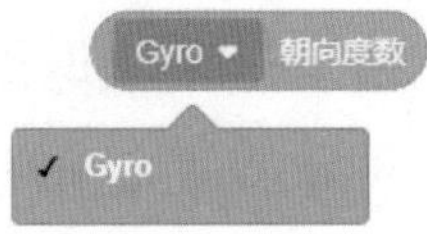

➢ “陀螺仪传感器归位”指令块可用在圆形指令块中。

（5）陀螺仪传感器转向

“陀螺仪传感器转向”指令块保存当前VEX IQ陀螺仪传感器转向的角度值。当陀螺仪传感器逆时针方向转动时，陀螺仪传感器转向为一个正值；当陀螺仪传感器顺时针方向转动时，陀螺仪传感器转向为一个负值。

➢ 选择使用哪一个陀螺仪传感器。

➢ “陀螺仪传感器转向”指令块可用在圆形空白指令块中。

（6）陀螺仪传感器角速度

“陀螺仪传感器角速度”指令块保存VEX IQ陀螺仪传感器的角速度，陀螺仪传感器角速度范围为0～249.99度/秒（dps），陀螺仪传感器角速度的单位为度/秒（dps）。

➢ 选择使用哪一个陀螺仪传感器。

➢ “陀螺仪传感器角速度”指令块可用在圆形空白指令块中。

2.4.7.6 | 颜色传感器

添加颜色传感器，端口3-Color，颜色传感器指令块如图2-68所示。

图2-68 颜色传感器指令块

（1）靠近对象

“靠近对象”指令块判断VEX IQ颜色传感器是否检测到一个对象靠近，“靠近对象”指令块返回值为真或假。当颜色传感器检测到一个对象或表面靠近颜色传感器前方，“靠近对象”指令块返回值为真；当颜色传感器检测到颜色传感器前方空白，“靠近对象”指令块返回值为假。

➢ 选择使用哪一个颜色传感器。

➢ “靠近对象”指令块可用在六边形空白指令块中。

(2)颜色检测

“颜色检测”指令块判断VEX IQ颜色传感器是否检测到指定颜色。“颜色检测”指令块的返回值为真或假。当颜色传感器检测到指定颜色时，“颜色检测”指令块的返回值为真；当颜色传感器未检测到指定颜色时，“颜色检测”指令块的返回值为假。

➢ 选择使用哪一个颜色传感器。

➢ 选择检测哪一种颜色。

➢ “颜色检测”指令块可用在六边形空白指令块中。

(3)颜色名称

“颜色名称”指令块保存颜色传感器检测到的颜色名称。颜色名称为以下颜色中的一种：红色、紫红色、紫罗兰色、蓝紫色、蓝色、蓝绿色、绿色、黄绿色、黄色、橙黄色、橙色、橙红色。

➢ 选择使用哪一个颜色传感器。

➢ “颜色名称”指令块可用在圆形空白指令块中。

（4）色调度数

“色调度数”指令块保存VEX IQ颜色传感器检测的颜色色调值，色调值范围为0 ~ 360。

➢ 选择使用哪一个颜色传感器。

➢ “色调度数”指令块可用在圆形空白指令块中。

（5）亮度百分比

“亮度百分比”指令块保存颜色传感器检测到的光线亮度，亮度百分比范围为0 ~ 100%。

➢ 选择使用哪一个颜色传感器。

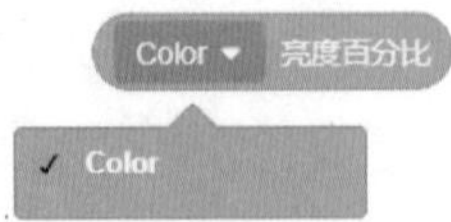

➢ “亮度百分比”指令块可用在圆形空白指令块中。

2.4.7.7 | 距离传感器

添加距离传感器，端口2–Distance，距离传感器指令块如图2-69所示。

图2-69 距离传感器指令块

（1）发现对象

“发现对象”指令块判断VEX IQ距离传感器是否在它测距范围内检测到对象，“发现对象”指令块返回值为真或假。当距离传感器在测距范围内检测到对象或平面，其返回值为真，当距离传感器在测距范围内未检测到对象或平面，其返回值为假。

➢ 选择使用哪一个距离传感器。

➢ “发现对象”指令块可用在六边形空白指令块中。

（2）距离

“距离”指令块保存VEX IQ距离传感器离最近物体的距离，距离范围为24～1000毫米（mm）或1～40英寸。

➢ 选择使用哪一个距离传感器。

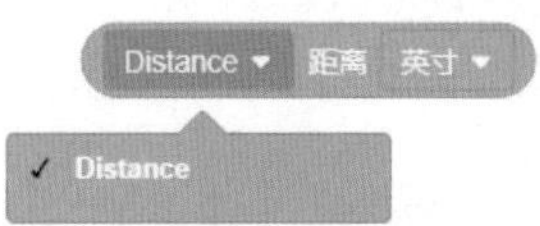

➢ 选择距离单位为英寸或毫米（mm）。

➢ “距离”指令块可用在圆形空白指令块中。

2.4.8 变量模块

在计算机编程设计中，变量是一个常用的概念。变量是指在程序运行过程中，其值是可以变化的，而常量是指在程序运行过程中其值不需要改变也不能改变。在编程中引入变量的好处就像在数学里引入字母或单词来代替数进行数学运算一样，可以很好地抽象出问题的本质意义，并使计算过程简单方便，能

更普遍、更清楚地体现问题的实质。变量模块所有指令块如图2-70所示。

图2-70　变量模块所有指令块

（1）定义一个变量

定义变量名时应考虑“见名知意”，与人们日常习惯一致，以增加可读性。因此在编程时给变量取个好名字非常重要。给变量命名一般有以下规定：

① 变量名可以由字母、数字和下划线组成。

② 必须用一个英文字母开头（大小写都可以，但一般是小写开头）。

③ 第一个字母后面可以跟其他字母，组成一个单词或多个单词，单词之间的首字母采用大小写来区分。

④ 变量的名字一般要用简单的、有意义的字母或单词，不要使用无意义的字母组合。最好也不要使用拼音，采用简单的英文单词即可。

在VEXcode IQ Blocks中，数据可以分为三种不同的类型，因此变量也可以分为三种不同的类型，如表2-1所示。

表2-1　变量类型

变量的类型	类型标识符	实例
整数类型	Int / Long	30，－60，0
浮点数类型	Float	3.89，－3.16，8.0
布尔类型	Bool	真（True）、假（False）

① 整数类型包括正整数、负整数和0。

② 浮点数就是我们在数学中学的实数，也就是带小数点的数，因为分数可以转化为小数，所以把分数也看作浮点数，例如1/5=0.2。

③ 布尔类型来源于布尔代数，现在广泛应用于计算机科学中。布尔类型只有2个值，一个是真（True），另一个是假（False）。前者表示某个表达式或条件成立，后者表示这个表达式或条件不成立。

定义一个变量，如变量名为rs，如图2-71所示。

提交后，就定义了一个新的变量rs，如图2-72所示。可以用设定变量值的方法给变量赋值，也可以改变变量的值。变量相关指令块如图2-73所示。

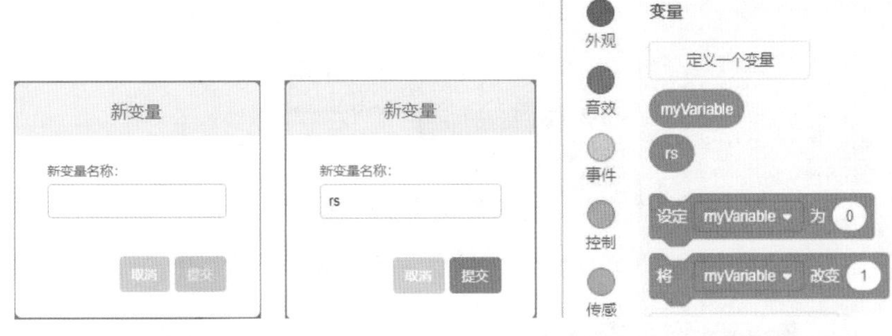

图2-71　新建变量　　图2-72　变量命名　　图2-73　变量相关指令块

变量定义后就可以用来存储整型数据了，程序运行中从变量中取值，实际上是通过变量名找到相应的内存地址，从其存储单元中读取数据。

(2) 设定变量 设定 rs 为 4

一般来讲，如果按照一个数是否大于零的标准，我们可以把数划分为大于零的正数、小于零的负和零三大类，例如正整数、正小数、负整数、负小数等，而零本身既不是正数，也不是负数。一般来说，表示一对具有相反意义的数就叫正负数，例如电机前进速度为100，电机后退速度为－100。

“设定变量”指令块给变量赋值。变量为数值型变量，其值可以是整数和小数。

➢ 选择使用哪一个变量，这些变量也可以被重命名或删除。

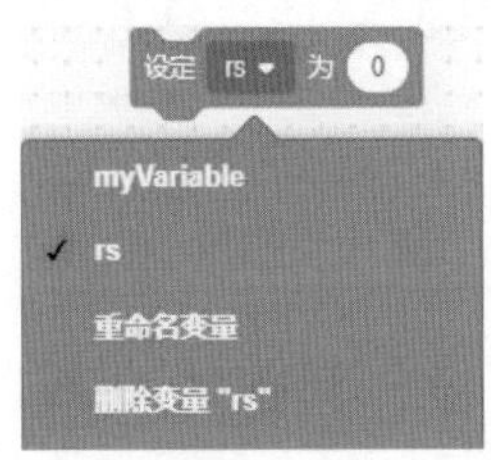

➢ “设定变量”指令块可接受小数、整数或数字指令块。

实例20 将“rs”变量值设为VEX IQ距离传感器感应值，且使用“rs”变量

来设定底盘速度，实现离障碍物越近，机器人的速度越慢。参考程序如图2-74所示。

图2-74　实例20参考程序

（3）修改变量

“修改变量”指令块修改变量的增量值。

➢ 选择使用哪一个变量，被选择的变量也可以重命名或者删除。

➢ “修改变量”指令块可接受小数、整数或数字指令块。

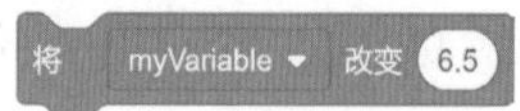

实例21 设定每重复循环一次，底盘速度将增加10，机器人以越来越快的速度运动12英寸。参考程序如图2-75所示。

（4）创建布尔变量

如图2-76所示创建布尔变量，其值为真或假，一般用于条件表达式中。

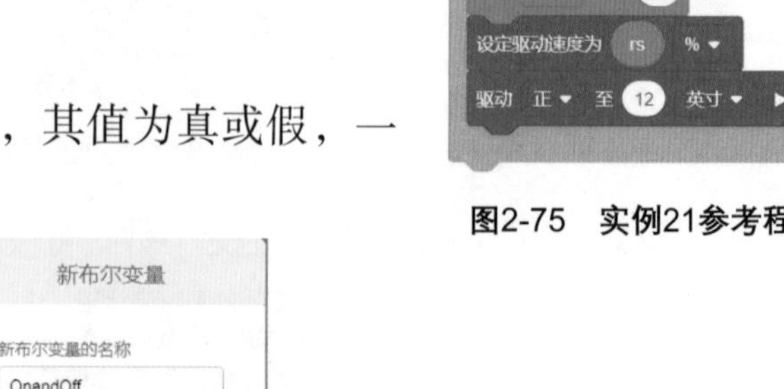

图2-75　实例21参考程序

图2-76　创建新的布尔变量

➢ 设定布尔变量。

➢ 选择使用哪一个布尔变量，该变量也可以被重命名或删除。

➢ 选择一个布尔值。

➢ “设定布尔变量”指令块可用在六边形指令块中。

（5）创建数组

“创建数组”指令块用于创建一个一维数组。数组是有序同类型数据的集合，数组的长度表示数组有几个元素。如图2-77所示创建数组，包括数组名和数组长度。

图2-77 创建新的数组

① 元素。“元素”指令块表示数组中的某个元素。

➢ 选择使用哪一个数组。该数组也可以被重命名或删除。

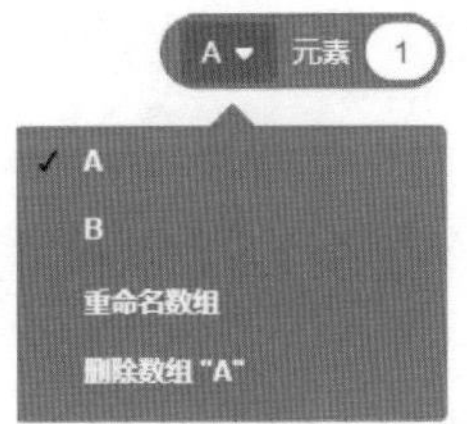

➢ 输入数组内元素的位置序号。此处，表示数组中第3个元素。元素指令块可接受小数、整数或数字指令块。

② 置换元素。“置换元素”指令块修改数组中某个元素的值，元素的值可

以是小数、整数或数字指令块。

将 A▾ 元素 1 置换为 0

➢ 选择使用哪一个数组，该数组也可以被重命名或删除。

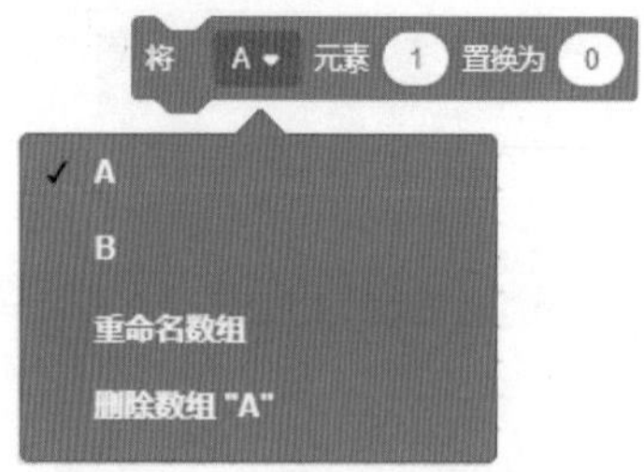

➢ “置换元素”指令块可接受小数、整数或数字指令块。

将 A▾ 元素 1 置换为 2

③ 设定数组。“设定数组”指令块为数组每个元素赋值。元素的值可以是小数、整数或数字指令块。

设定 B▾ 为 0 0 0 0 0

➢ 选择使用哪一个数组，该数组也可以被重命名或删除。

➢ “设定数组”指令块可接受小数、整数或数字指令块。

设定 B▾ 为 1.2 2.5 3 4 5

④ 数组长度。数组中元素的个数称为数组长度。数组的长度（1 ~ 10）在数组生成时已设定。“数组长度”指令块用来获取数组中元素的个数。

B▾ 长度

➢ 选择使用哪一个数组，该数组也可以被重命名或删除。

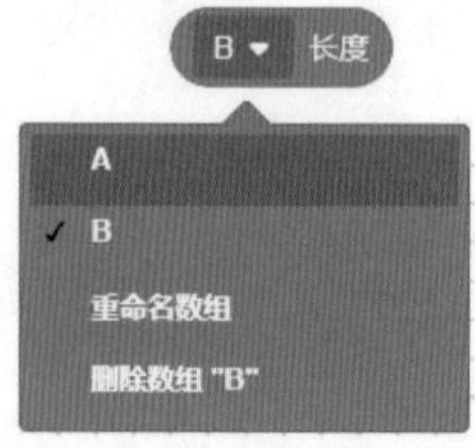

➢ “数组长度”指令块可用在圆形空白指令块中。

实例22 将B数组中第4个元素的值更新为8，且打印B数组中第4个元素到VEX IQ主控制器屏幕。参考程序如图2-78所示。

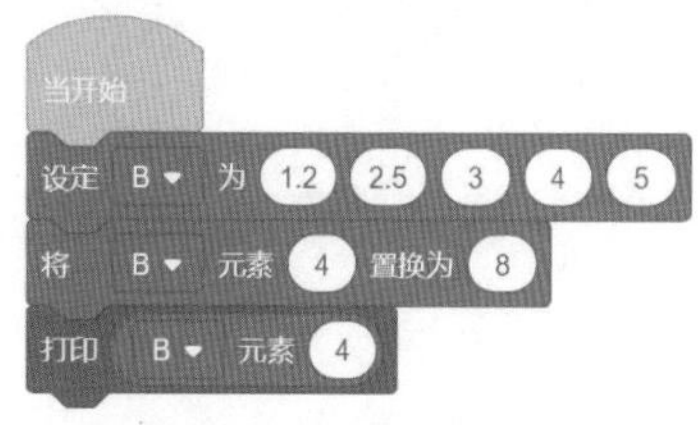

图2-78　实例22参考程序

（6）创建二维数组

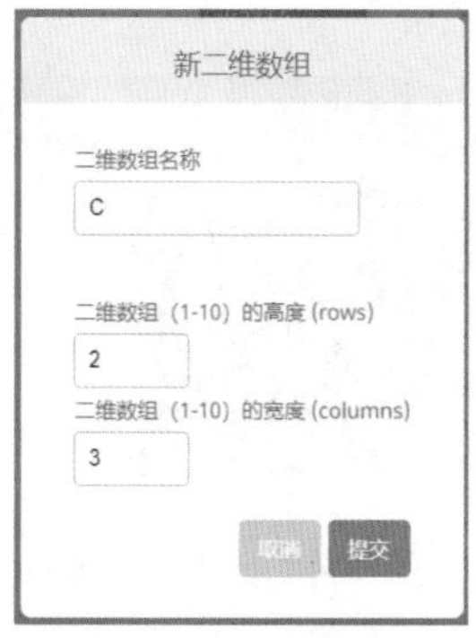

图2-79　创建二维数组

如图2-79所示，创建二维数组。

① 二维数组元素。“二维数组元素”指令块表示二维数组中某个元素，该元素的行和列可以是整数或数字指令块。

C 元素 1 1

➢ 选择使用哪一个二维数组。该二维数组也可以被重命名或删除。

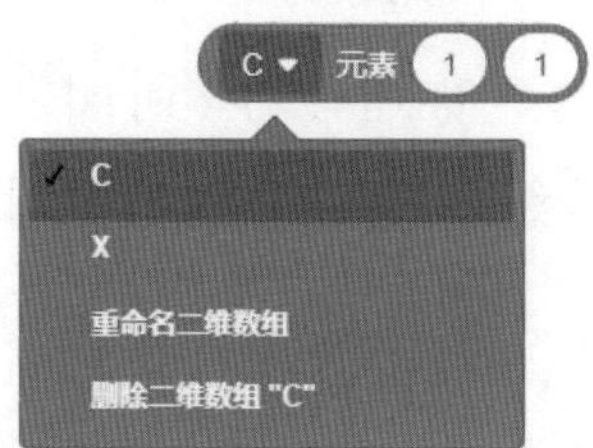

➢ 输入数组内被选定的元素的行（第一个数字）和列（第二个数字）。此处，被选定的元素位置为二维数组中第2行第3列。

➢ 二维数组元素指令块可接受整数或数字指令块。

② 置换二维数组元素。“置换二维数组元素”指令块用于修改二维数组中某个元素的值，元素的值可为小数、整数或数字指令块。

➢ 输入数组内将要修改的元素的行（第2行）和列（第3列）的值与目标元素值。

➢ 选择使用哪一个数组，该数组也可以被重命名或删除。

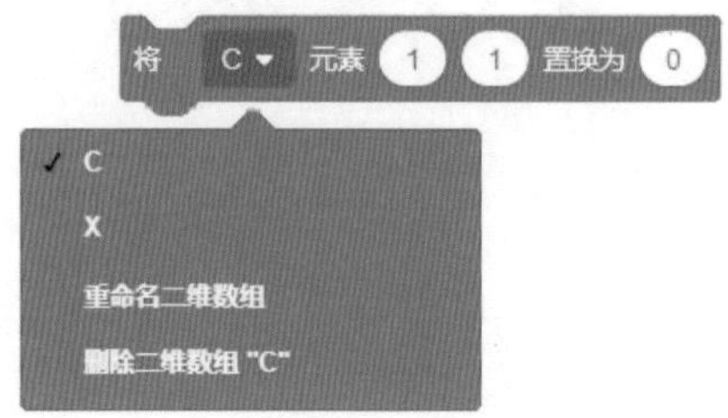

➢ “置换二维数组元素”指令块目标元素值可接受小数、整数或数字指令块。

③ 设定二维数组。“设定二维数组”指令块通过输入数值来给二维数组每个元素赋值。

➢ 当生成一个二维数组时，你可以在1到10之间设定数组的列数和行数。选择使用哪一个二维数组，该二维数组也可以被重命名或删除。

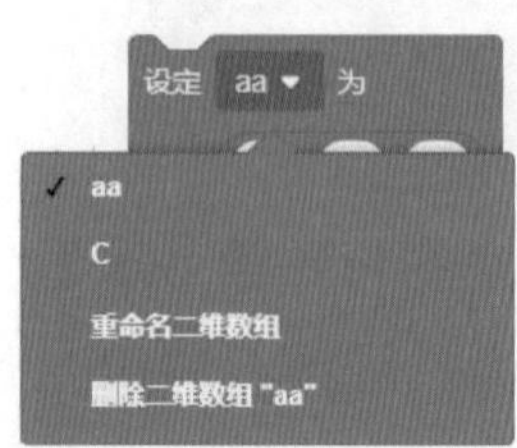

➢ “设定二维数组”指令块可接受小数、整数或数字指令块。

④ 二维数组长度。“二维数组长度”指令块用来获得一个二维数组的行数和列数。

➢ 选择使用哪一个二维数组。该二维数组也可以被重命名或删除。

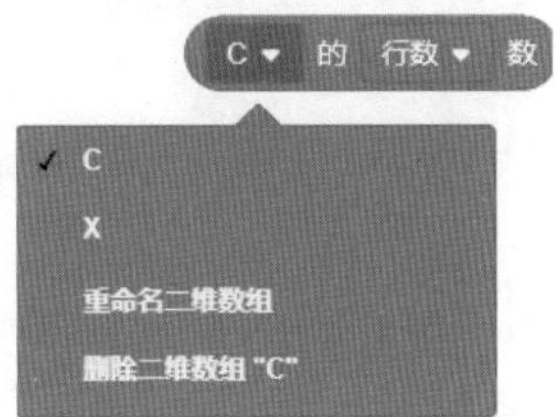

➢ 选择获取二维数组的行数或列数。

➢ “二维数组长度”指令块可用在圆形空白指令块中。

（7）创建指令块

使用“创建指令块”按钮来创建一个myblock指令块（我的指令块），如图2-80所示，这个自定义的指令块可以在一个程序中被多次调用。

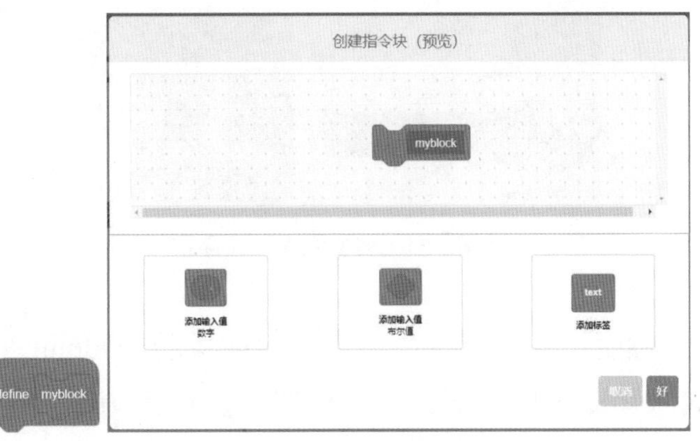

图2-80 创建我的指令块

➢ myblock可以包含多个参数、文本标签、数字变量和布尔变量，用来添加更多的功能到自定义指令块中。

➢ 定义myblock playsound（times）。

➢ 当调用myblock playsound（times），myblock中的参数times为实际参数。

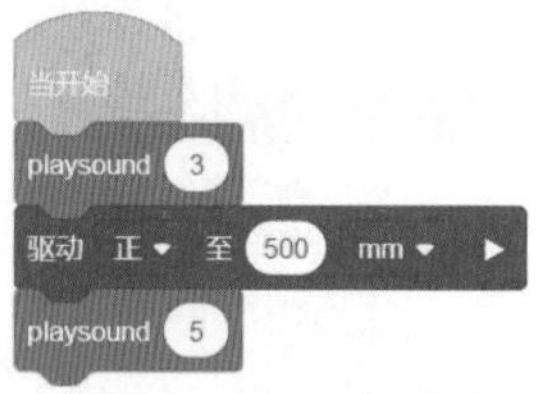

注意：生成多个带有相同标签和变量的myblock可能导致下载程序时报错。

实例23 机器人使用myblock实现：播放警报3次，向前运动500mm，播放警报5次。参考程序如图2-81所示。

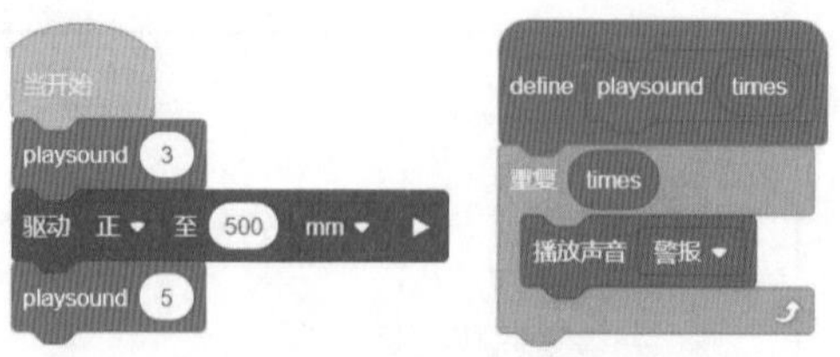

图2-81　实例23参考程序

实例24 机器人将使用我的指令块实现：向前运动1000mm，在主控制器屏幕打印电池电量同时移动光标至下一行；机器人右转1000度，在主控制器屏幕打印电池电量同时移动光标至下一行。参考程序如图2-82所示。

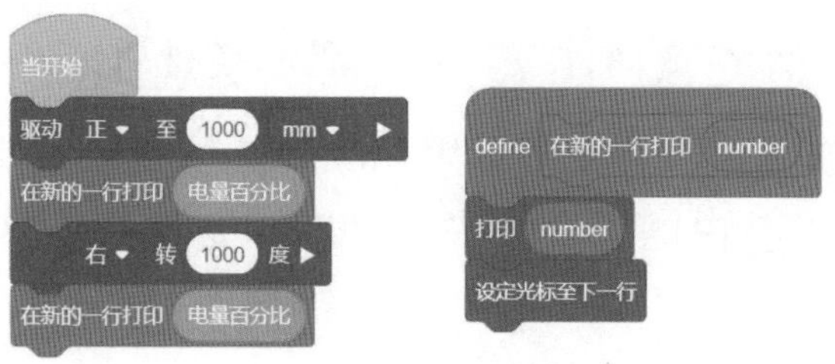

图2-82　实例24参考程序

(8)备注

“备注”指令块就是程序员编写的用来描述他们程序的信息。

专业的程序员会添加备注来注释程序，以帮助他人理解自己的代码，备注同样有助于查找错误和利于团队合作。备注不影响程序的执行。

首先，通过选择透明方块删除现有文本备注，然后输入新文本，例如机器人前进，从而实现添加文本到备注指令块。

实例25 机器人走一个边长为1000mm的正方形。参考程序如图2-83所示。

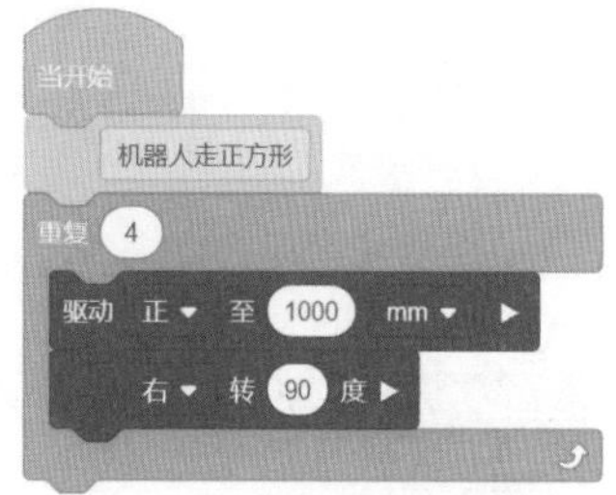

图2-83　实例25参考程序

2.4.9 运算符模块

运算符模块指令块如图2-84所示。

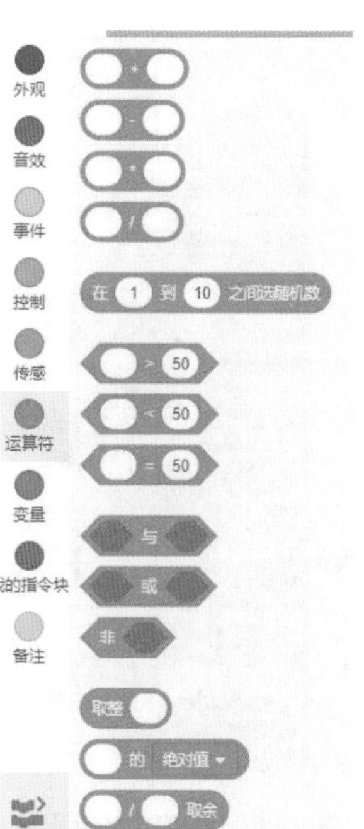

图2-84　运算符模块指令块

（1）加、减、乘、除

加、减、乘、除均可接受小数、整数或数字指令块。加、减、乘、除指令块均可用在接受圆形空白的指令块中。可以在变量、传感器值之间进行加、减、乘、除运算。

实例26 两个数8和2之间加、减、乘、除运算。参考程序如图2-85所示。

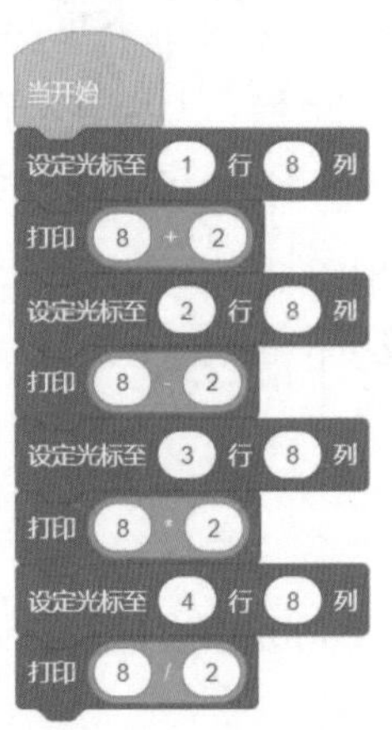

图2-85　实例26参考程序

实例27 变量*A*=8，变量*B*=2，*A*和*B*之间进行加、减、乘、除运算。参考程序如图2-86所示。

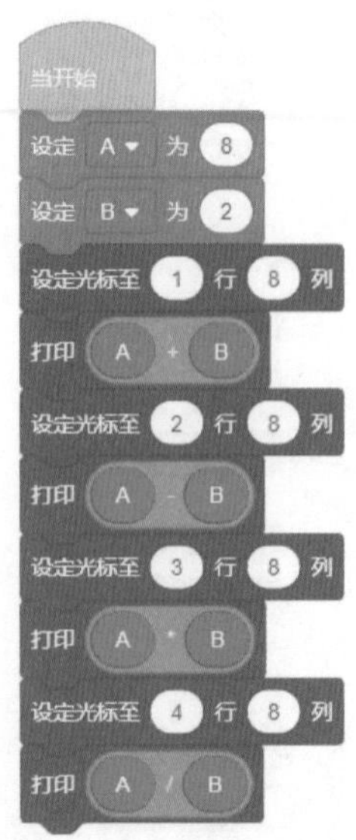

图2-86　实例27参考程序

实例28 陀螺仪传感器值与电池电量之间进行加、减、乘、除运算。参考程序如图2-87所示。

图2-87 实例28参考程序

(2) 随机数 在 1 到 10 之间选随机数

随机数在编程中特别常用，也特别重要。“随机数”指令块在最小值和最大值之间获得一个随机值。“随机数”指令块可用在圆形空白指令块中。“随机数”指令块可接受小数、整数或数字指令块。

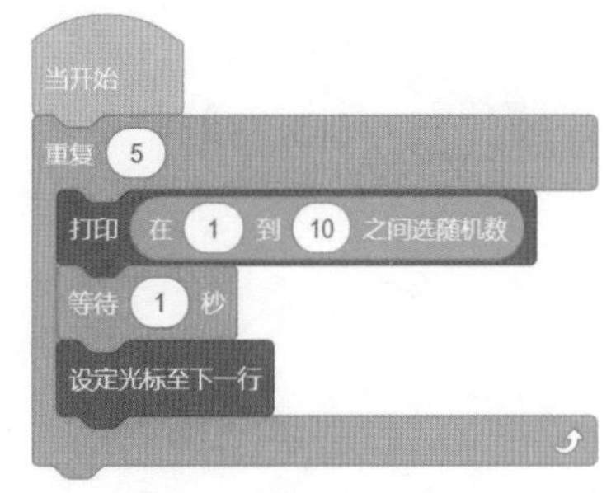

图2-88 实例29参考程序

实例29 在屏幕上打印1到10之间的5个随机数。参考程序如图2-88所示。

(3) 与、或、非

布尔类型的变量有自己独特的运算，最常见的有三种，分别是与运算（逻辑与）、或运算（逻辑或）、非运算（逻辑非或逻辑反）。逻辑判断与、或、非的值为真或假。与、或、非指令块均可用在六边形空白的指令块中作为条件，如图2-89所示。

图2-89 与、或、非

假设有两个布尔变量A和B，它们的逻辑运算真值表如表2-2所示。

表2-2 逻辑运算真值

A	B	非 A	A 与 B	A 或 B
真	真	假	真	真
真	假	假	假	真
假	真	真	假	真
假	假	真	假	假

（4）取整、取余 取整 ( ) ( ) / ( ) 取余

“取整”指令块是指将输入的值取整至最近的整数，小数位等于或大于0.5的向上取整，小数位小于0.5的向下取整。“取整”指令块接受小数、整数或数字指令块。“取整”指令块可用在圆形空白指令块中。

“取余”指令块是指用第二个值除第一个值得到的余数。“取余”指令块可接受小数、整数或数字指令块。可整除的数字将报告取余为零。“取余”指令块可用在圆形空白指令块中。

实例30 对3.28取整，对7除以3求余。参考程序如图2-90所示。

图2-90 实例30参考程序

（5）函数 ( ) 的 绝对值

在VEXcode IQ Blocks中，可以求一些常见的数学函数，例如求绝对值、平方根、正弦函数、指数函数和对数函数等。

“函数”指令块执行某一个选定的函数，“函数”指令块可接受小数、整数或数字指令块。“函数”指令块可用在圆形空白指令块中。

“函数”指令块提供的所有函数功能如下所示。

➢ 绝对值。
➢ 下取整：向下取最近的整数值。
➢ 上取整：向上取最近的整数值。
➢ 平方根。
➢ sin：正弦函数。
➢ cos：余弦函数。
➢ tan：正切函数。
➢ asin：反正弦函数。
➢ acos：反余弦函数。
➢ atan：反正切函数。
➢ ln：以自然数e为底的对数。
➢ lg：以10为底的对数。
➢ e ^：自然数e的幂次方。
➢ 10 ^：10的幂次方。

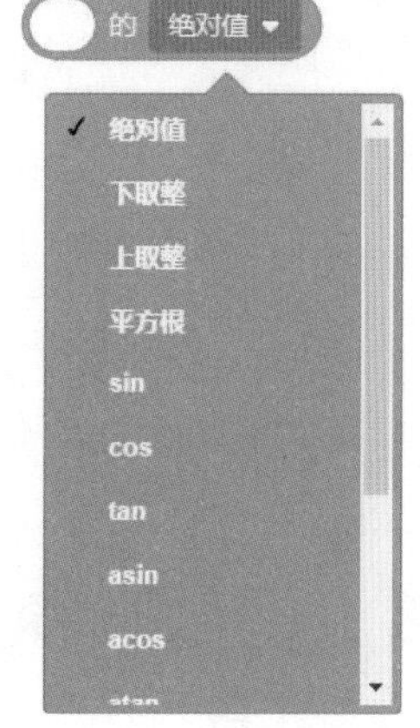

第3章

VEX IQ的零件及其选择

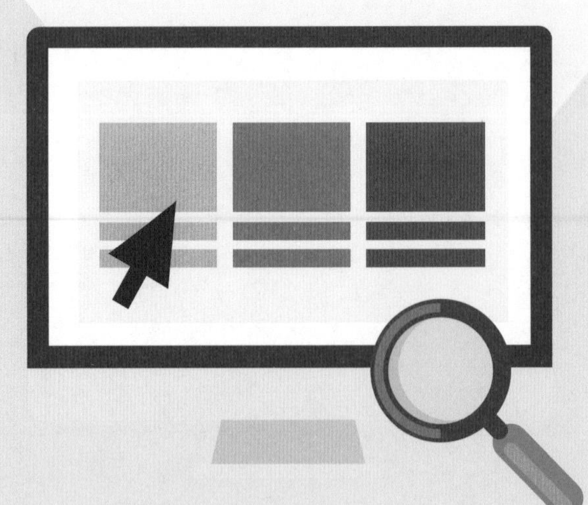

VEX IQ的零件有1700多种，基本的有哪些？分为哪些类型？这些零件的特征参数有哪些？特征参数是如何系列化的？这些零件的标准尺寸是多少？如何从上千种不同的零件中选择来完成你的机器人设计？选择的原则是什么？搭建时拆卸的方法有哪些？有何搭建技巧？回答以上这些问题就构成本章的内容了，这些都是搭建机器人所需要的。

1套VEX IQ零件套装如图3-1所示。

图3-1 零件套装

3.1 零件的类型、特征参数、尺寸系统和标准尺寸

VEX IQ机器人是以塑料材料为主的积木式机器人，为了能将零件通过积木方式搭建成各种机器人，就需要各种类型的零件。VEX IQ零件一般有以下7种类型：车轮、传动件与转盘部件、梁与板结构件、轴与轴套、支撑柱与销、连接件、特种件。这些类型还可以细分不同小类型，每个类型又有哪些系列化特征参数，会在后面分节介绍。

为了满足机器人的搭建需要，这些零件的结构、尺寸都需要变化，目的是使搭建时用的零件尽可能少。这些尺寸，必须有规律地变，也是变得越少越好，测量变化需要用尺子，这个尺子量的就是描述这个零件的特征参数。从图3-2 VEX IQ 零件特征参数可以看出，不同的零件，特征参数不同，且有自己的尺寸系统。对梁或板来说，特征参数就是梁上孔的数量，梁的特征参数为横向孔的数量×纵向孔的数量。如图3-3所示的梁，特征参数是2×4，所以，此梁称为2×4梁或叫双格4孔梁。为了满足不同搭建需要，这些特征参数又是系列化的。对带轮来说，特征参数就是带轮上槽底的直径，VEX IQ带轮系列化的直径有10mm、20mm、30mm、40mm四种。对齿轮、链轮来说，特征参数是齿数，VEX IQ圆柱齿轮系列化的齿数有12齿、24齿、36齿、48齿、60齿五种，VEX IQ链轮系列化的齿数有8齿、16齿、24齿、32齿、40齿五种。链条的特征参数是链条的链节数，如图3-2中的链条，链节数为40。斜角梁的一个特征参数是角度，角度是指斜角梁一部分与另一部分延长线之间的夹角值，VEX IQ斜角梁有30°、45°、60°三种。支撑柱的特征参数是与所支撑件之间的距离，并用单位长度表示，如支撑距离为12.7mm（二分之一英寸），就认为是一个单位，用1M或1PITCH表示（M是Module的缩写，中文有单元、单位、模数的意思），引入一个单位的概念，也是为了使尺寸按规律变化，使零件之间的尺寸统一协调，形成尺寸系统，使零件具有通用性和互换性，提高搭建效率和减少零件的种类，降低搭建的成本。VEX IQ支撑柱有0.25M、0.5M、1M、1.5M、2M、3M、4M、6M、8M 9种。销的特征参数为插入端销节的数量，销有两端，所以要用两个特征参数表示，如图3-2所示，第一个销为帽销，其参数为0×1，表示从帽端插入的节数为零，即帽端不能插入，另一端的插入节数为1，销的一节为半个单位，即6.35mm，此销可以称为0×1帽销；第2个销为2节销，可分别从两端插入，特征参数为1×1，可以称为1×1销，也可以叫2节销。

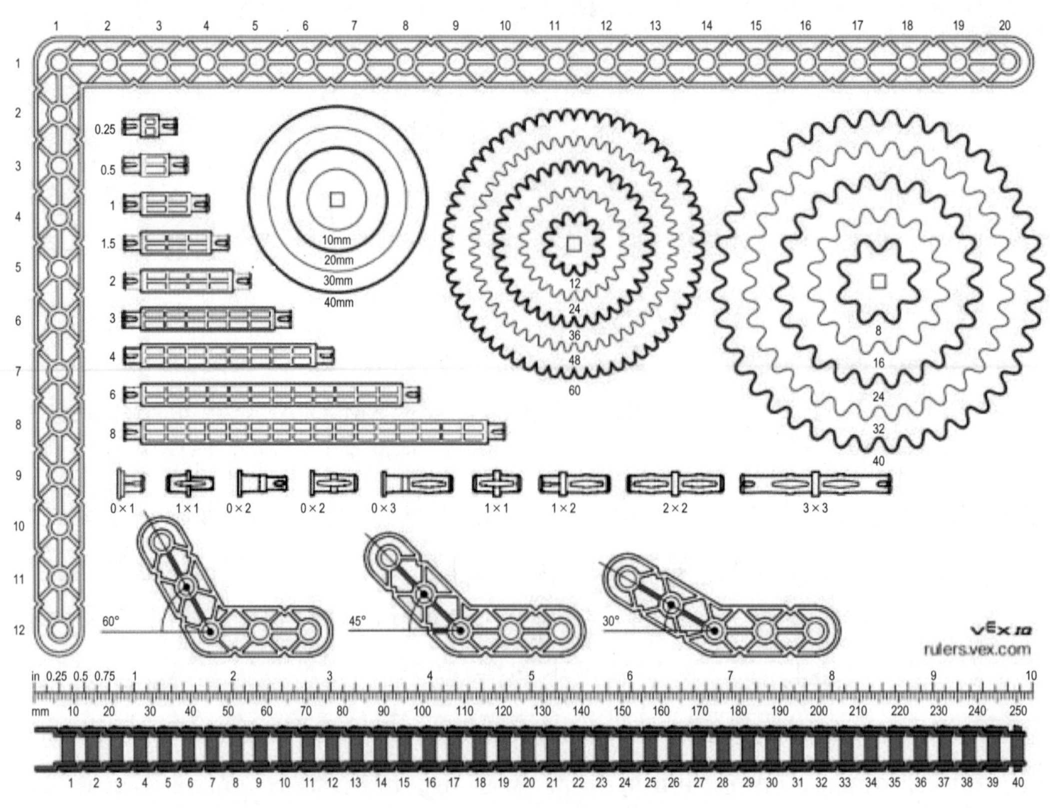

图3-2 VEX IQ 零件特征参数和尺寸系统

梁或板的标准尺寸如图3-3所示，孔距为12.7mm，即一个单位，所有圆孔的直径都为4.2mm。齿轮、链轮、带轮的安装标准尺寸如图3-4所示。如果要用3D打印技术，打印特殊零件，就必须考虑按这些标准尺寸设计这个特殊零件。

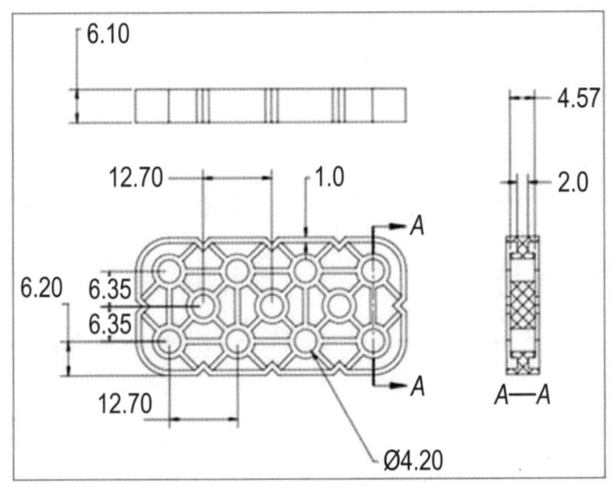

图3-3　VEX IQ梁或板的标准尺寸

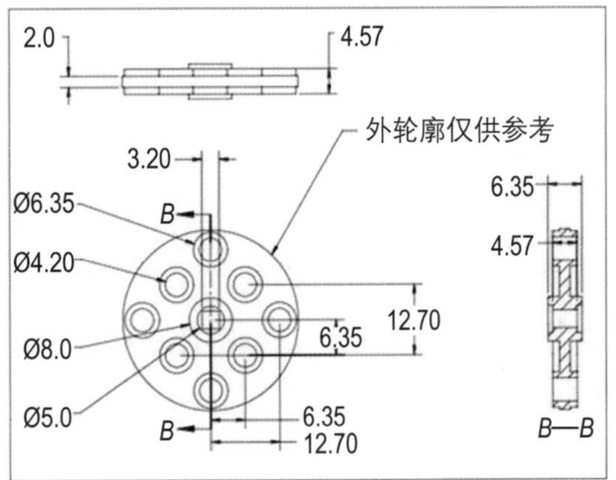

图3-4　VEX IQ齿轮、链轮、带轮的安装标准尺寸

3.2 车轮及其选择

大多数机器人的主要功能是运动。选择使用哪种车轮是关键，车轮选择得是否合适可以决定机器人设计得是否成功。每种车轮都有优点和缺点。选择车轮时要考虑的两个主要因素是车轮的直径和车轮的牵引力。

① 车轮的周长　车轮的直径可以影响机器人的运动性能，车轮直径与π（3.1415926）的乘积就是车轮的周长，一般用车轮的周长作为车轮公称参数，车轮的周长就是轮子滚动一整圈的距离，如图3-5和图3-6所示。

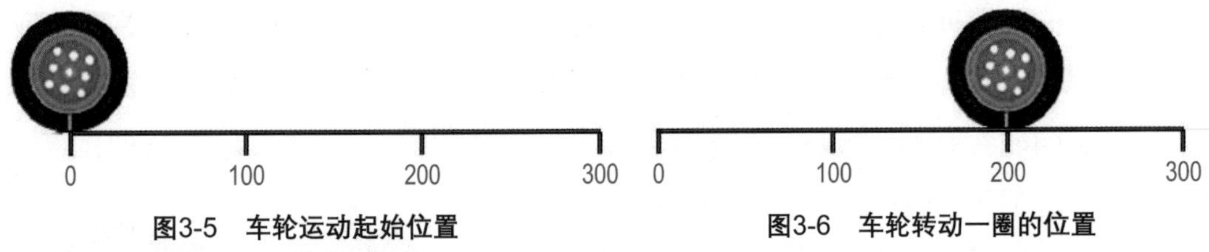

图3-5　车轮运动起始位置

图3-6　车轮转动一圈的位置

车轮的型号以周长定义，常用的VEX IQ车轮有250mm胶轮、200mm胶轮、160mm胶轮和100mm胶轮4种，以及200mm的万向轮，如图3-7所示。

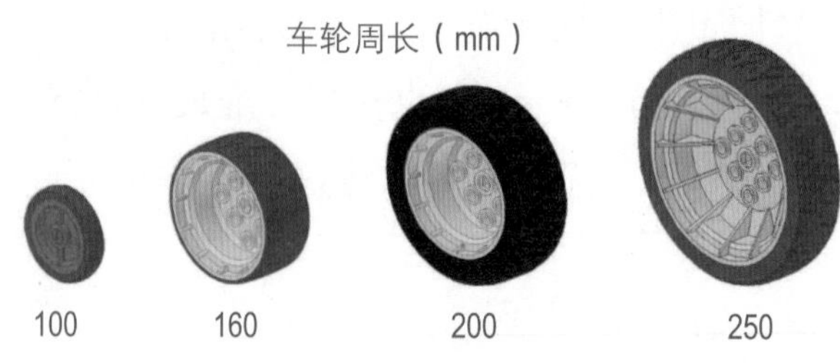

图3-7 各种型号的胶轮

② 轮距 是指机器人最外侧的两个轮子接触地面的点之间的距离，如图3-8所示。通常，机器人的轮距越大，底盘就越稳定，越不易翻倒。底盘高度是指从地面到机器人底盘最低处的高度。底盘高度越高，机器人越容易越过障碍物。

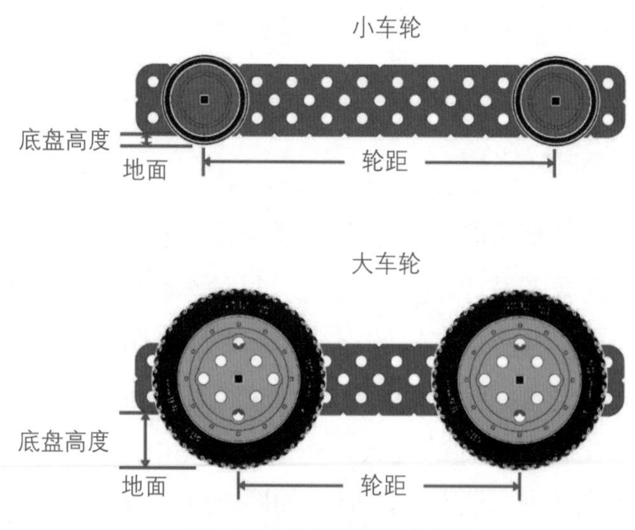

图3-8 车轮轮距和底盘高度

③ 车轮与地面的摩擦力 车轮与地面的摩擦力越大，机器人越容易越过障碍物。但是，如果轮子有很高的摩擦力，机器人就很难转动，运动灵活性差。

④ 全向轮 全向轮是一种特殊的车轮，如图3-9所示。它有一系列围绕车轮圆周排列的双排滚柱，因此车轮能前后滚动，以及横向滚动。全向轮使机器人转动起来比胶轮机器人容易得多，因为轮上布满小滚柱。使用全向轮的另一个优点是，能够设计更先进的底盘，底盘可以前后和横向移动，能以

图3-9 全向轮

斜行、旋转和任意组合的运动方式运动。当一个底盘能以上述运动方式移动时，它被称为全向移动底盘。这种底盘的车，非常适合在空间有限或通道狭窄的环境中使用，在提高工作效率、增加空间利用率、降低人工人力成本方面有着明显的效果。表3-1列出了各种车轮的特点。

表3-1 **车轮特点比较**

类型	车轮周长/mm	底盘高度	与地面的摩擦力
胶轮	100	小	一般
胶轮	160	中等	很好
胶轮	200	中等	很好
胶轮	250	大	很好
全向轮	200	中等	好

3.3 传动件、底盘与转盘及其选择

（1）传动件

VEX IQ的运动零件主要用于传递运动和动力，有齿轮、链条、链轮、履带、传动带、带轮等。

常用的VEX IQ的圆柱齿轮有12齿、24齿、36齿、48齿、60齿五种。这些圆柱齿轮如图3-10所示，圆柱齿轮用于平行轴之间的传动。VEX IQ其它的齿轮见表3-2。

图3-10 12齿、24齿、36齿、48齿、60齿圆柱齿轮

表3-2　VEX IQ齿轮

名称	三维图	特征参数	特点与用途
伞齿轮（锥齿轮）		齿数z=18	齿分布在圆锥体上，实现两相交垂直轴传动
蜗杆		螺旋头数z=1	有一个螺旋齿，分布在圆柱面。与蜗轮配合实现两垂直交错轴传动，且可以实现大的传动比，一般蜗杆为主动轮，蜗轮为从动轮。蜗轮为主动轮时有自锁功能
齿条		z=19，长度为5M	齿分布在长方体上。与圆柱齿轮配合实现转动到移动或移动到转动的运动转换
齿条滑座		长度为2M	与齿条配合形成移动副
冠齿轮		齿数z=36	齿分布在圆柱体端面，与圆柱齿轮配合实现两相交垂直轴传动

常用的VEX IQ链轮有8齿、16齿、24齿、32齿、40齿五种。这些链轮如图3-11所示。链轮通过链条，实现平行轴之间的传动，并且可以是远距离传动。链轮与履带结合可构成履带式行走装置，履带式车辆越野性能好，行走更稳定，爬坡能力大，且转弯半径小，灵活性好。履带式行走装置在挖掘机、坦克上使用较为普遍。链条和履带组成零件的名称、规格、用途见表3-3。

图3-11　8齿、16齿、24齿、32齿、40齿链轮

表3-3 链条和履带组成零件的名称、规格、用途

名称	三维图	规格描述	用途
链节		链节距0.5M，链节数1	用若干链节组装成链条
两节链条		链节距0.5M，链节数2	三维图为绕在8齿链轮上的两节链条，如果两个8齿链轮中心距为5M，则需要的链节数为28
履带节		履带节距0.5M，履带节数1，两个孔的孔距为1M	用若干履带节组装成履带，履带节与链节可以混合组成链条，即当链条上需要插接东西的时候，可以装上履带节
两节履带		履带节距0.5M，履带节数2，两个孔的孔距为1M	三维图为绕在8齿链轮上的两节履带，如果两个8齿链轮，中心距为5M，则需要履带节的节数为28
履带牵引力增强插块		—	插在履带上，增加与地面的摩擦力，从而增强履带牵引力

常用的VEX IQ带轮直径有10mm、20mm、30mm、40mm四种，这些带轮如图3-12所示，带轮也可以当滑轮用。传动带可以用O形圈，O形圈的规格用内径×线径（mm×mm）表示，可以用作传动带的O形圈有（20~133.4）×1.8、（35~180）×2.65、（50~345）×3.55等几种。传动带必须张紧在带轮上，带传动与链传动均可用于远距离传动，带传动的传动转矩没有链传动大。带传动在转矩很大的时候会打滑。

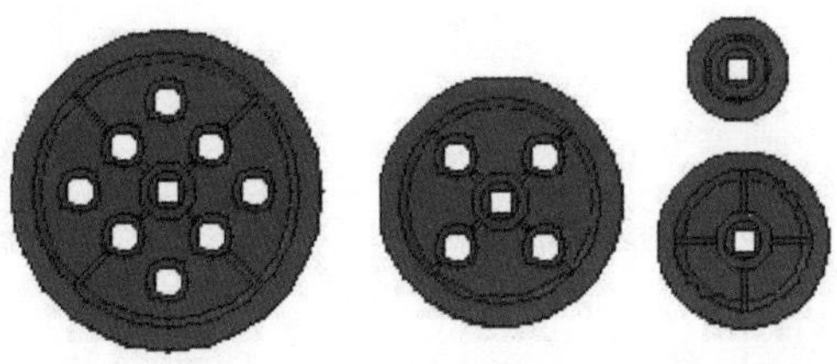

图3-12 10mm、20mm、30mm、40mm带轮

（2）底盘

底盘一般用齿轮或链条传动。

① 齿轮传动　采用齿轮传动，前后轮的齿数应为奇数，这样前后轮运动的方向才一致，一般为3个齿轮或5个齿轮。齿轮传动结构中，齿轮两侧与固定板之间可以安装垫片减少摩擦，齿轮两侧需要固定保证齿轮正常啮合，如图3-13所示。

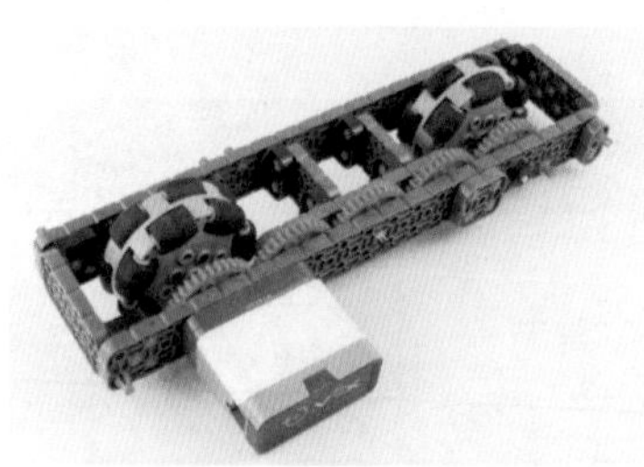
图3-13　齿轮传动的车轮

② 链传动　如果采用链传动，结构简单，两轮之间的跨距没有严格的限制，适合远距离传递运动。链轮与固定板之间需要安装垫片，保证在宽度方向上链条与轮子、链条与板之间有一定的间隙，保证正常传动，如图3-14所示。

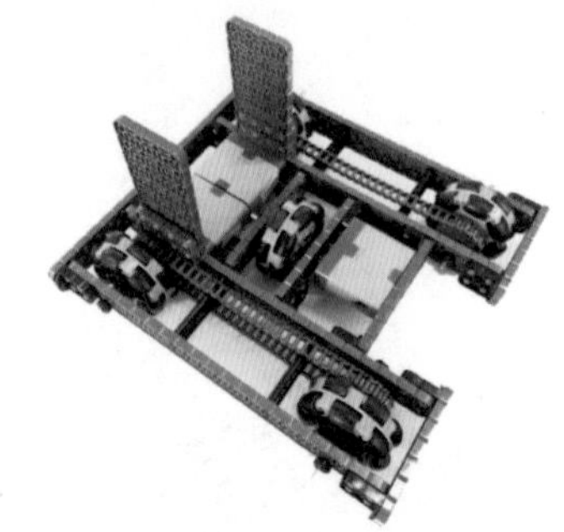
图3-14　链传动的底盘

③ 加速传动　底盘有时需要加速运动，一般加速比为0.66或0.5较为合适。如果太快可能造成赛车动力不足，在有负载时运动反而变慢。所以，底盘应该在动力足够的情况下运动越快越好。链轮加速传动如图3-15所示，主动链轮齿数为24，从动链轮齿数为16，传动比为0.667。也就是说，如果电机输出最大转速为100，则车轮的最大转速为150。齿轮加速传动如图3-16所示，主动齿轮齿数为48，从动齿轮齿数为24，传动比为0.5。也就是说，如果电机输出最大速度为100，则车轮最大速度可以达到200。

④ 减速传动　齿轮传动、链传动也经常用在机械臂上进行减速传动，如图3-17所示。一般机械臂采用减速传动，主动齿轮齿数为12，从动齿轮齿数为60，传动比为5，如果电机输出最大速度为100，则机械臂的最大速度为20，但减速增大机械臂的转矩，可以提起较重的物体。

图3-15　链轮加速传动

图3-16　齿轮加速传动

图3-17　机械臂齿轮减速传动

(3) 转盘

转盘即能转动的平台，转盘及其组件名称、三维图、规格、特点与用途见表3-4，表中的三维图是大规格转盘及组件的三维图。

表3-4 转盘及其组件的名称、三维图、规格、特点与用途

名称	三维图	规格	特点与用途
转盘		分为超大、大、小三种	由一个转盘轮轴和两个相扣转盘轮盘组成。用于搭接码垛机器人、焊接机器人、机械手、工业机器人等设备。转盘安装在机器人的关节部位，这种结构可以让设备做紧密旋转运动。转盘将机器人的上部和下部连接在一起，同时还能支撑上部的重量和机器人工作时产生的负荷，并使机器人的上部相对于下部旋转（或下部相对于上部旋转）。转盘规格越大，承载能力也越大
转盘轮轴		分为超大、大、小三种	用于转盘内部转动部分
转盘轮盘		分为超大、大、小三种	用于转盘外部固定部分，一个转盘需要两个转盘轮盘

3.4 梁与板结构件及其选择

① 单孔梁 图3-18为1×3梁，VEX IQ单孔梁系列还有1×1、1×2、1×3、1×4、1×5、1×6、1×7、1×8、1×9、1×10、1×11、1×12、1×13、1×14、1×16、1×18、1×20等几种。

图3-18 1×3梁

单孔梁是零件中最窄的，它们非常适合装配特殊结构，如机械手，或作为连接的通用零件。例如图3-19所示的滑道，单孔梁可在塔架和传动系统之间进行支撑连接。

如图3-20所示的钩子，单孔梁的结构刚性不如其他零件，但它们可以多层连接在一起使用，这将大大帮助它们避免弯曲和扭曲。

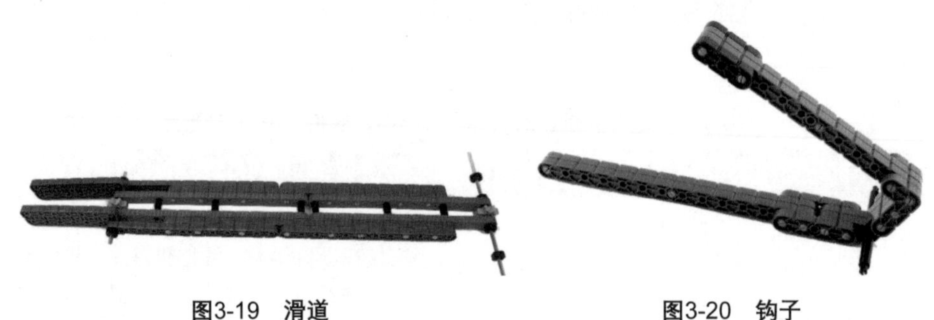

图3-19　滑道　　　　图3-20　钩子

② 双格板　如图3-3为2×4双格板，VEX IQ双格板系列还有2×2、2×3、2×5、2×6、2×7、2×8、2×9、2×10、2×12、2×14、2×16、2×18、2×20等几种。

双格板的宽度为2个单位。它们与单孔梁具有相同的长度选项。每个双格板有两排安装孔，其长度与两个外边缘的长度相同，板中间有一组中心孔。这些中心孔也在板的全长上分布，但是它们与外部孔之间的偏移量为1/2节距。这种安装孔的布置使装配有多种选择。

双格板是组装机器人底盘、升降装置和机械臂的理想选择。它们与所有角连接器兼容，2×2和2×1的角连接器能提供两个连接点，从而能在零件之间创建更好的连接。

③ 三格板　三格的宽度为3个单位，VEX IQ三格板系列有3×6、3×12等几种。

④ 锁轴板、锁轴梁　VEX IQ有2×2锁轴板、1×3锁轴梁、3×3 Y形锁轴梁三种。锁轴板的中心孔是方形的，如果需要连接销、支座或轴，则必须选择2×2锁轴板。锁轴板和锁轴梁如图3-21所示。

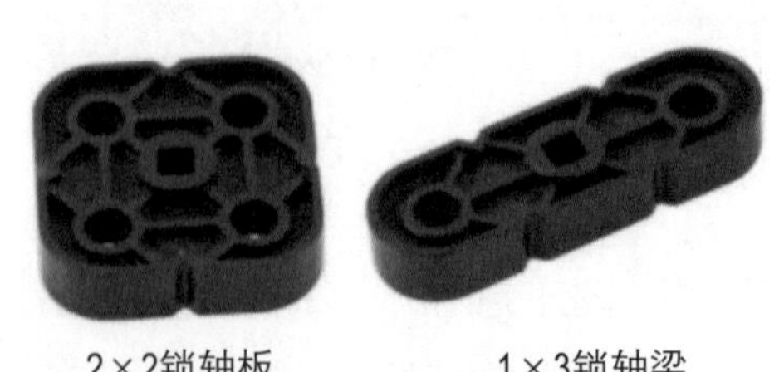

图3-21　锁轴板和锁轴梁

1×3锁轴梁常与单孔梁连在一起再与电机轴配合，电机带动单孔梁运动。如图3-22所示的铲框，为1×3锁轴梁应用的例子。

⑤ 特种梁　特种梁是具有独特的形状和角度的梁。有带倒角的直角梁、L形梁和T形梁，它们提供了90°的直角。还有30°、45°和60°的斜角梁，如图3-23所示，使赛车有多种装配角度选择，如图3-24所示的框就是用多种特种梁搭建的。

⑥ 宽板　宽板对于增加机器人的结构支撑是很好的。它们有4×4、4×6、4×8、4×12、4×16、6×12和12×12等几种规格。宽板具有与双格板安装孔模式匹配的安装孔模式。这种模式是相邻两行安装孔以1/2孔间距进行偏移。

宽板是理想的搭建机器人立柱、底座、铲子等的零件，结实坚固的结构和大的安装表面使安装更容易。图3-25为底盘的一侧驱动部分，利用12×12宽板容易安装多个电机。

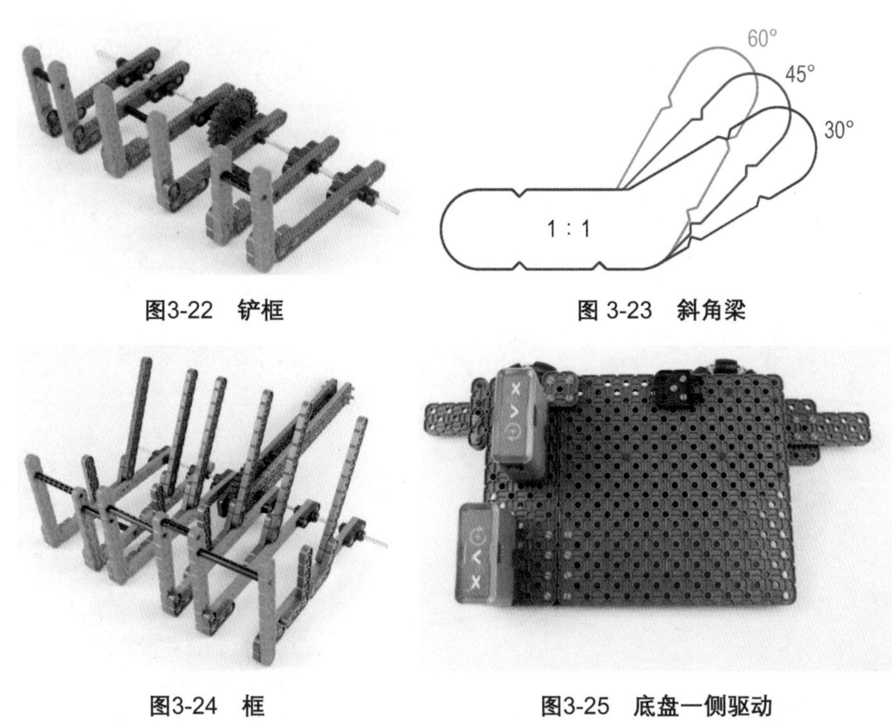

图3-22　铲框

图 3-23　斜角梁

图3-24　框

图3-25　底盘一侧驱动

3.5 轴与轴上零件及其选择

VEX IQ使用方轴传递运动和动力。这种方轴可以直接安装在电机的方孔中，从而使电机带动方轴旋转。方轴也适合连接带方孔的运动零件，如车轮、齿轮、滑轮和链轮，这样电机通过方轴带动运动部件转动。轴及轴上零件的名称、三维图、材料、规格、特点与用途见表3-5。

表3-5 轴及轴上零件的名称、三维图、材料、规格、特点与用途

名称	三维图	材料	长度规格	特点与用途
光轴		钢	2M，3M，4M，5M，6M，7M，8M，9M，10M，11M，12M，14M，16M，18M，20M，22M，24M	用于高转矩情况，例如赛车的传动轴、机械臂的传动轴等。钢轴也是所有轴中最长的
		塑料	2M，3M，4M，5M	适用于低转矩的情况
戴帽轴		塑料	2M，3M，4M，5M	轴的端部有帽，通过此帽可以固定车轮、齿轮或其他运动部件，戴帽轴无需在带帽侧安装轴套
电机轴		塑料	2.5M，3.5M，4.5M	0.5M处有轴环，与电机相连，电机的运动与动力通过此轴输出
轴套		塑料	0.25M	轴上零件定位
轴垫圈		塑料	0.06M	隔离轴上零件或轴上零件与其它固定零件的隔离
橡胶套		橡胶+塑料	0.5M	紧固轴上零件，通常用在轴的两端，防止轴上运动部件滑动或脱落。用橡胶套固定齿轮如图3-26所示，用橡胶套固定电机轴如图3-27所示
万向接头		塑料	2M	连接轴，并允许25°～30°的两轴斜角，斜角越大，传递到另一个轴的速度不均匀度也越大，两个轴偏离很大距离，可以通过两个万向接头连接，且能消除速度不均匀度

注：1. 轴的形状图为最短轴的图。

2. 20M长的轴可以叫20M钢轴，3.5M长的电机轴可以叫3.5M电机轴。

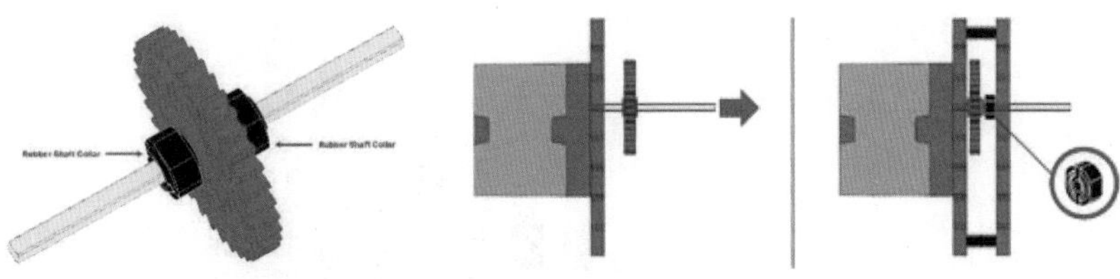

图3-26 橡胶套固定齿轮　　图3-27 橡胶套固定电机轴的用法

3.6 支撑柱与销连接器及其选择

① 支撑柱和销连接器　支撑柱和销连接器的名称、三维图、规格、用途见表3-6。

表3-6 支撑柱和销连接器的名称、三维图、规格、用途

名称	三维图	规格描述	用途
支撑柱		0.25M，0.5M，1M，1.5M，2M，3M，4M，6M，8M	支撑柱用于在搭建刚性连接时将两个零件连接在一起。例如图3-28所示的在手臂末端制作叉子，两个单孔梁用支撑柱连接。例如图3-29所示的用2个支撑柱支撑两个双格板，以便在它们之间放置一系列传动齿轮
销连接器		1M	支撑柱与销连接器配合使用可组成不同长度的支撑柱，如图3-30所示。销连接器也可以当轴套使用，对轴上零件进行隔离或定位
一端有垂直孔的销连接器		1M	通过插支撑柱或销，可以实现垂直结构
中间带孔的销连接器		2M	支撑柱与中间带孔的销连接器配合使用可以组成不同长度的支撑柱，如图3-29所示

注：1. 支撑柱的三维图为0.5M支撑柱的图。

2. 0.5M支撑柱也可称为1节支撑柱，相应的1.5M支撑柱也可称为3节支撑柱，以此类推。

图3-28 支架

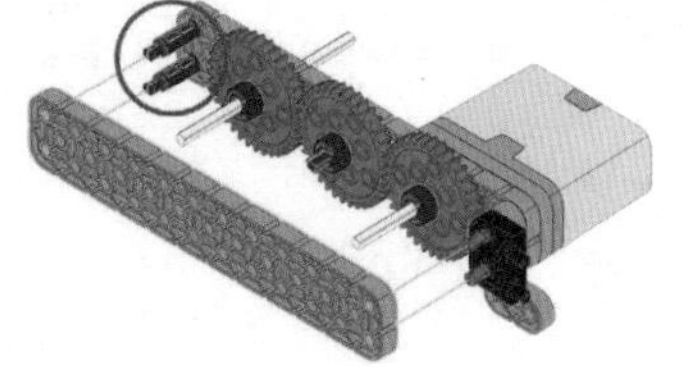

图3-29 底盘一侧电机的齿轮传动

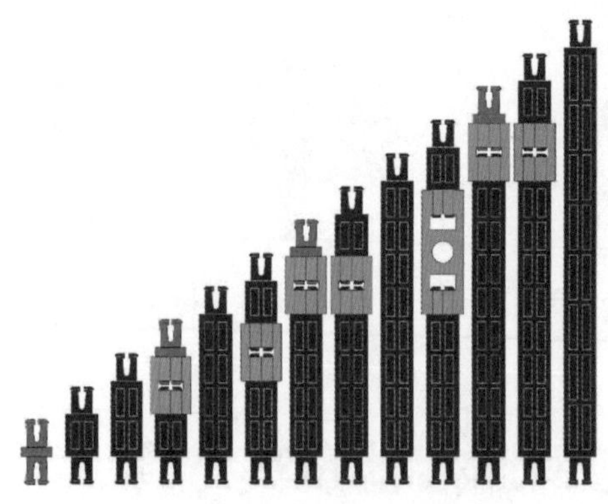

图3-30　不同长度的支撑柱

② 销　销的名称、三维图、规格、特点与用途见表3-7。

表3-7　销的名称、三维图、规格、特点与用途

名称	三维图	规格描述	特点与用途
两节销		1M，1×1	中间有销环，可以连接2层板，如图3-31所示
三节销		1.5M，1×2	0.5M处有销环，可以连接3层板，如图3-32所示
四节销		2M，2×2	中间有销环，可以连接4层板
两节帽销		1M，0×2	一端有销环，可以连接2层板，且从一端插入，较难拆卸
三节帽销		1.5M，0×3	一端有销环，可以连接3层板，且从一端插入，较难拆卸
惰轮帽销		1M，0×2	不能用于驱动部件。一端是方形，用来连接车轮、齿轮、链轮和滑轮，另一端为圆柱形，用来连接梁或板，以使运动部件相对梁或板自由旋转，从一端插入
惰轮销		1M，1×1	不能用于驱动部件。一端是方形，用来连接车轮、齿轮、链轮和滑轮，另一端为圆柱形，用来连接梁或板，以使运动部件相对梁或板自由旋转

图3-31 用两节销连接　　图3-32 用三节销连接

3.7 连接器及其选择

连接器有各种形式，如图3-33所示。这些连接器有多种连接方向，使连接梁、板和其他组件的三维设计几乎不受连接方向的限制。连接器的一个面上的插头有单头、双头之分，头多连接可靠结实稳固，垂直面上的布孔有1×1、1×2、2×1、2×2、3×2等几种形式，这些孔通过插销连接，也是孔越多连接越可靠稳固。因为插头面与布孔面垂直，这样的连接器叫转角连接器。连接器多个面上有插头，分为双脚、三脚连接器，如果两个面互相垂直，也叫转角连接器。根据机器人需要选择不同的连接器，如图3-34所示。

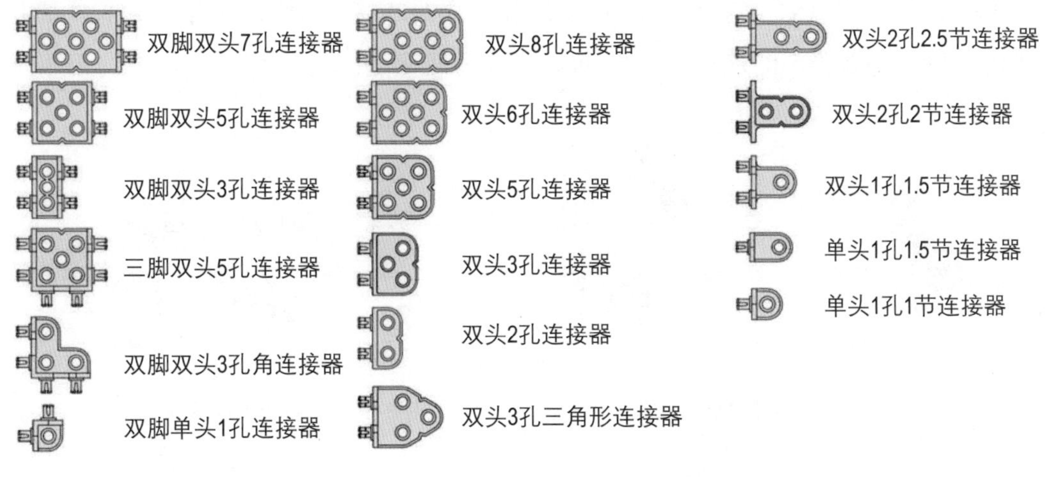

图3-33 各种转角连接器

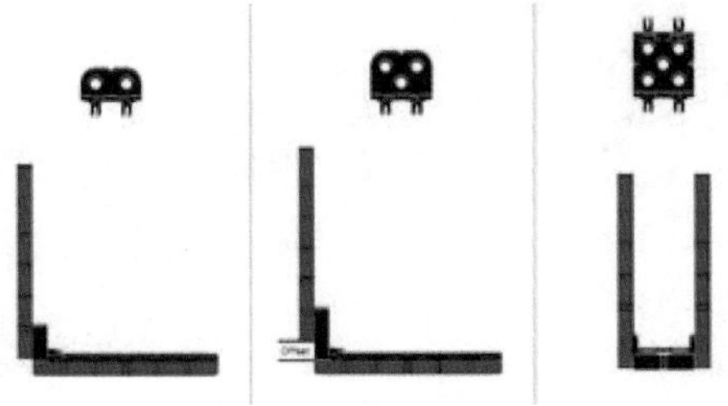

图3-34 转角连接方法

3.8 常见VEX IQ零件的装拆技巧

组装和拆卸 VEX IQ塑料结构系统应该是轻而易举的，但有些零件的装拆也需要技巧，下面介绍这些零件组装和拆卸技巧，掌握了这些技巧，就可以提高搭建效率。

① 转角连接器的装拆　将金属轴穿过转角连接器的一个孔，在压住梁或板的同时向外拉，可以很容易地从梁或板上拆卸转角连接器，如果插转角连接器困难的话，也可以借助轴把转角连接器压到梁或板上，如图3-35所示。

② 销拆卸　先将单孔梁安装到电机上，然后将单孔梁向外拉的同时扭转单孔梁即可容易地将电机上的销拔掉，如图3-36所示。

③ 长销拆卸　连接多层板或梁的长销可以通过在销背面用单孔梁按压，将销部分推出，这样就可以用手轻松地拔掉它，如图3-37所示，也可以用销工具的推销柱按压销钉。

④ 橡胶套的装拆　将橡胶套从轴上拔出或套上时，应将橡胶套放在手里15～30秒，这样橡胶套受热会变得更柔软且更易于安装，如图3-38所示。

⑤ 小零件的组装　小零件，如小齿轮、橡胶套等，用手拿着无法装入轴的时候，可以借助梁，把这些小零件推入，如图3-39所示。

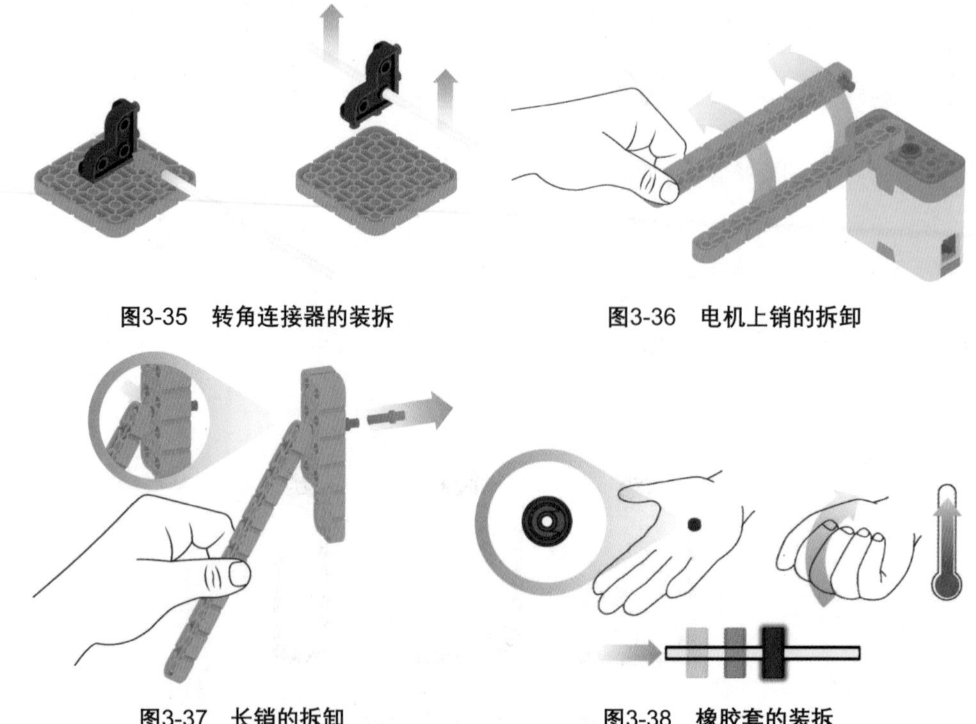

图3-35　转角连接器的装拆

图3-36　电机上销的拆卸

图3-37　长销的拆卸

图3-38　橡胶套的装拆

⑥ 装在销连接器上的支撑柱的拆卸　要拆卸装在销连接器上的支撑柱时，可以将轴插入销连接器一端孔里，把支撑柱推出来，如图3-40所示。

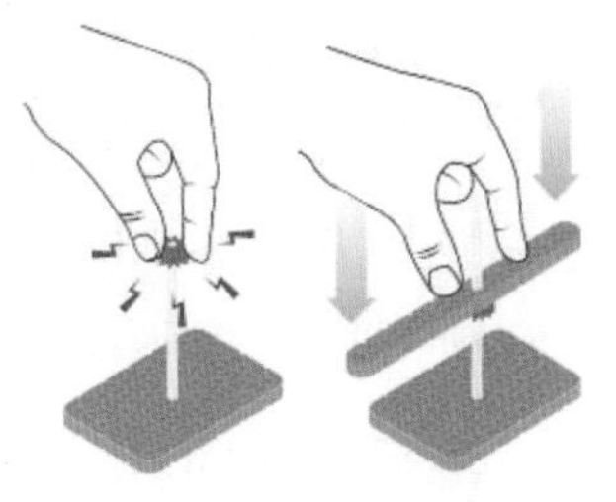

图3-39　小零件的组装

⑦ 链条与履带的装拆　链条是由若干链节组装在一起的一个闭环，这个闭环需要多少链节，由链轮的齿数和中心距决定。图3-41（a）是两个链节，要把这两个链节组装起来，需要将一个链节上的上孔套入下一个链节上的上圆柱凸台中，如图3-41（b）所示，然后扭转两个链节，直到下圆柱凸台插入下孔，成为一个整体卡在一起，形成回转副。需要多少链节，就这样安装多少链节，最后再首尾相接，组成环形链条。图3-41（c）是两个履带节，同样的方法可以组成环形履带。

要拆卸链节，需要与上述过程相反，先让一个链节上的圆柱凸台脱出连接孔，这需要两个链节错着推动，使孔与柱的部分分开一个缝隙，用一个刀刃插入缝隙，把孔从圆柱凸台上拆出，即一端卸出，变成如图3-41（b）所示的情况，再把另一端的圆柱凸台从孔里卸出，链节就卸下来了，或者链条就断开不再是闭环的了。拆卸履带也是如此的步骤。

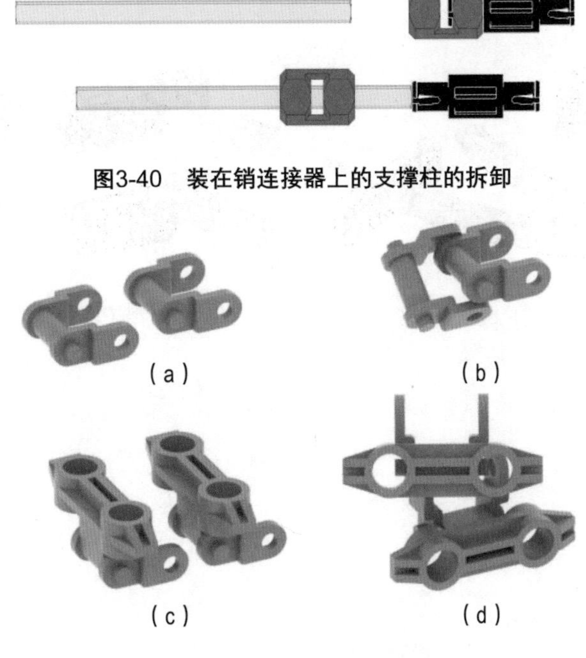

图3-40　装在销连接器上的支撑柱的拆卸

（a）　（b）

（c）　（d）

图3-41　链条与履带的装拆

⑧ 销工具的使用　第二代VEX IQ零件套装盒包括如图3-42所示的销工具，销工具有三个功能部分，拔销口（puller）、推销柱（pusher）、撬尖（lever），拔销口可以张合。

用销工具的拔销口夹住支撑柱销头部分往外拔，就可以把支撑柱拔下来，如图3-43所示。同样的方法也可以把销拔下来。支撑柱、销如果安装困难的话，也可以用销工具的拔销口夹住支撑柱或销插到孔里。

用销工具的推销柱顶支撑柱小销头，一直推，就可以把支撑柱推下来，如图3-44所示。同样的方法也可以把销顶下来。

将销工具的撬尖插在两个梁之间，通过撬，将两个用销连接的梁拆开，如图3-45所示。

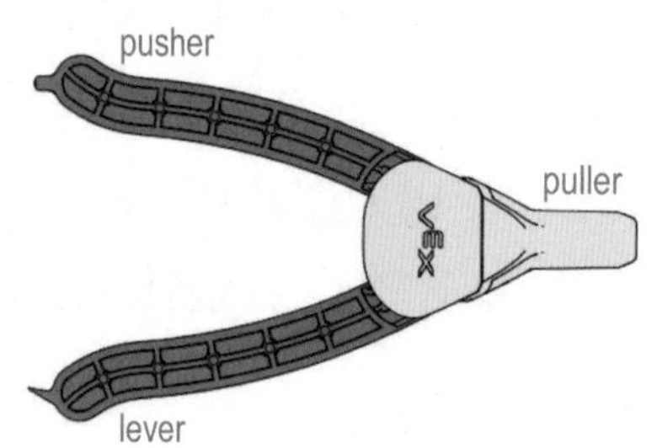

图3-42　销工具

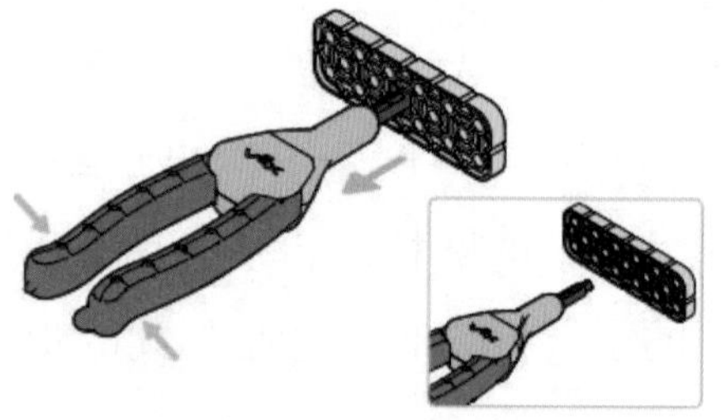

图3-43　销工具的拔销口使用方法

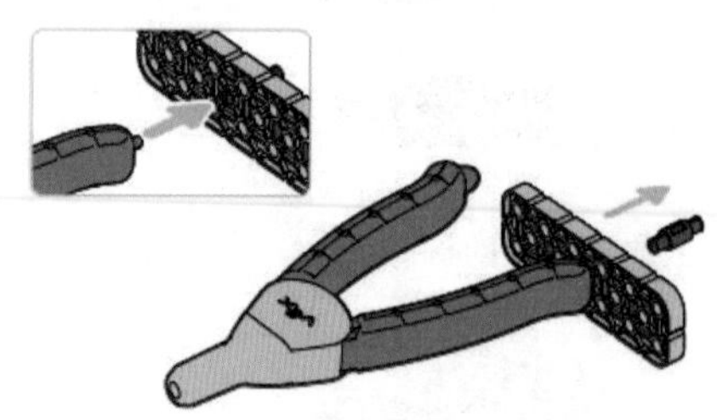

图3-44　销工具的推销柱使用方法

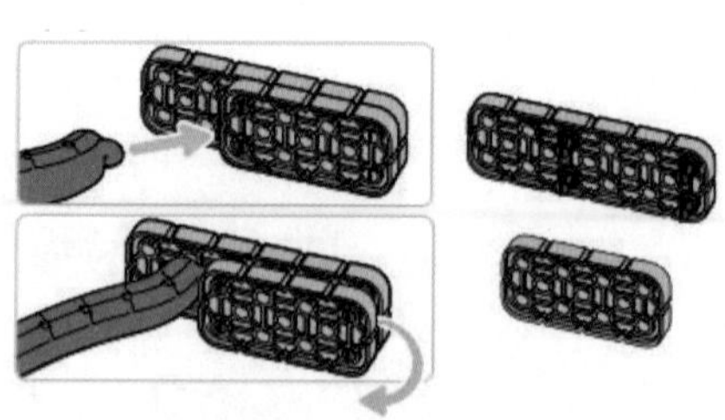

图3-45　销工具的撬尖使用方法

第4章

实例教学

4.1 机械鸟

天空中飞翔的鸟儿自由自在（图4-1），一会儿展翅飞翔，一会儿落地啄食，一会儿落在树上叽叽喳喳地叫。当你看到鸟儿时，是否也想长出一对翅膀飞向天空呢？

让我们模拟老鹰的翅膀做一个如图4-2所示的机械鸟吧！

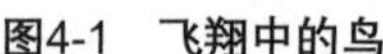
图4-1 飞翔中的鸟

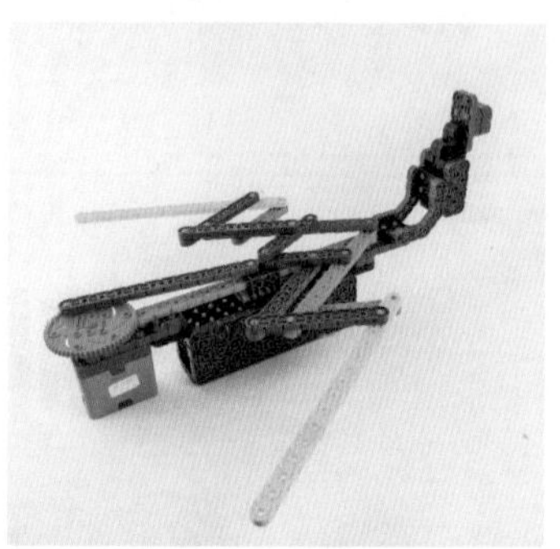

图4-2 机械鸟

（1）模型搭建

机械鸟由驱动部分、曲柄滑块机构和翅膀部分组成。

① 驱动部分 采用一个电机驱动，如图4-3所示。

② 曲柄滑块机构 用齿轮作为曲柄，用齿条作为滑轨与齿条滑块构成滑动副，用梁作连杆，完成的曲柄滑块机构如图4-4所示。

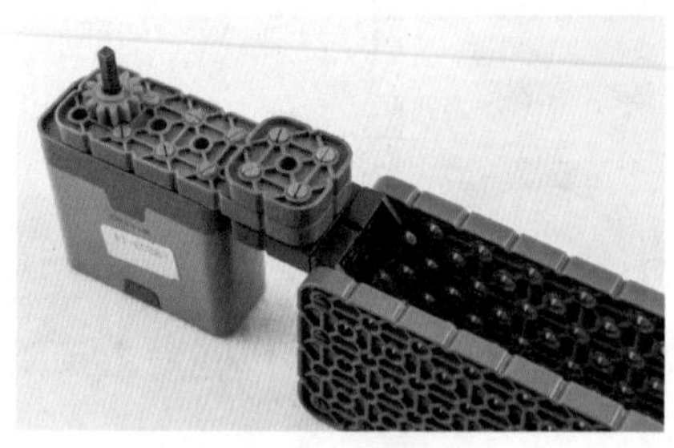

图4-3 驱动部分

图4-4 曲柄滑块机构1

③ 翅膀部分 采用单孔梁搭建，主要由两个平行四边形组成，如图4-5所示。

④ 完成图 将曲柄滑块机构的滑块与翅膀装配在一起，再搭建一个形似的头部，一个漂亮的机械鸟就完成了，如图4-6所示。

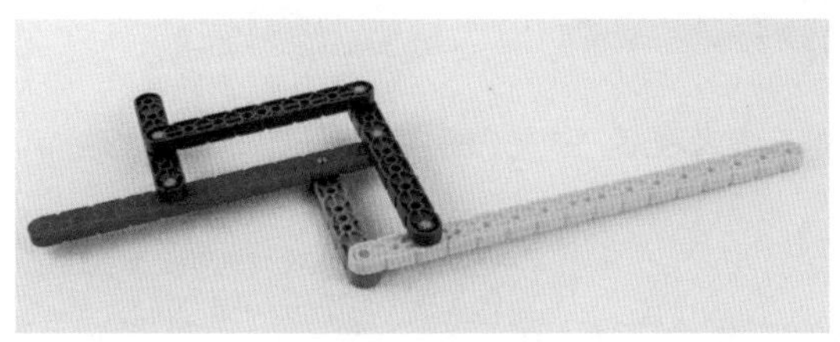

图4-5　翅膀部分

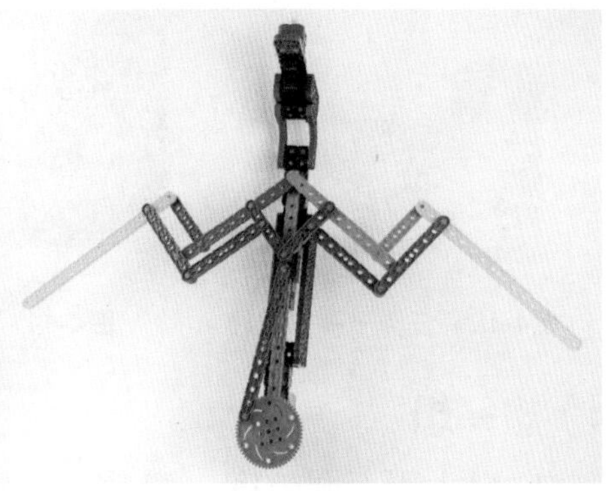

图4-6　机械鸟完成图

（2）知识点

① 电机　如图4-7所示，电机的主要作用是为各种机械提供动力源。机器人的轮子或者机械臂的运动都需要电机提供动力。电机输出速度范围－127～127r/min。电机一般用销或支撑柱与板连接。

② 曲柄滑块机构　如图4-8所示，齿轮A、连杆B、滑块C和机架D组成曲柄滑块机构。齿轮转动时，齿轮上固定的连杆推动滑块进行往复运动。

图4-7　电机

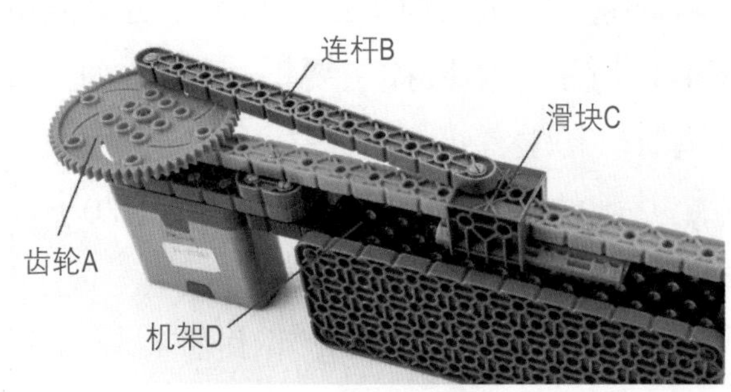

图4-8　曲柄滑块机构2

（3）任务

① 任务一　机械鸟扇动翅膀5秒。

a. 分析。首先需要检测电机连接状态，将翅膀的初始状态设为闭合状态，测试电机不同速度，翅膀变动情况，选择一个合适的速度。

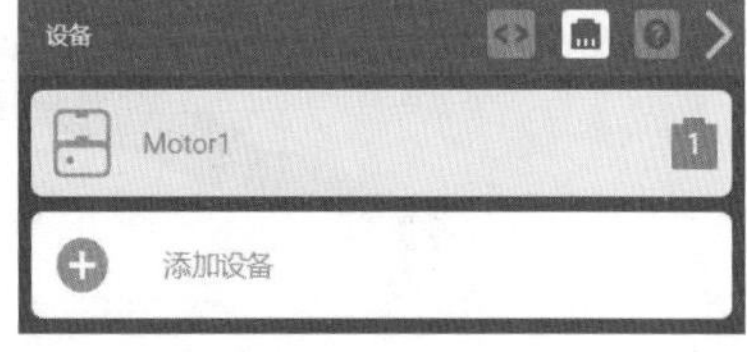

图4-9　添加电机

b. 添加设备。如图4-9所示，端口1添加电机Motor1。

c. 编写程序。参考程序如图4-10所示。

② 任务二　机械鸟扇动翅膀10次，参考程序如图4-11所示。

③ 任务三　机械鸟一直在飞翔，参考程序如图4-12所示。

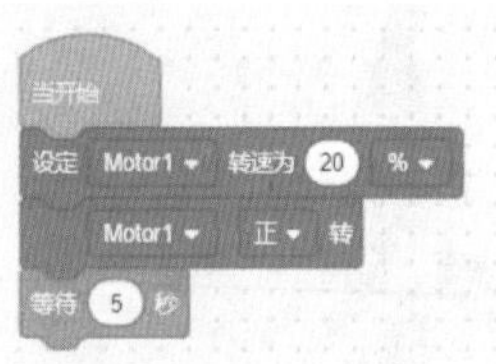

图4-10　任务一参考程序

图4-11　任务二参考程序

图4-12　任务三参考程序

（4）想一想

① 测一测不同速度，扇动一次翅膀需要多长时间。

② 通过测试你能提出哪些问题呢？请你试着改变结构，调整机械鸟翅膀摆动的幅度。

③ 机械鸟搭建有哪些问题？试着改进一下，搭建不同的漂亮机械鸟。

4.2 俯卧撑机器人

在日常锻炼和体育课上，特别是在军事体能训练中俯卧撑是一项基本训练。它是很简单易行却又十分有效的力量训练手段。如图4-13所示，俯卧撑主要锻炼上肢、腰部及腹部的肌肉，还有胸肌。初学者练习俯卧撑可以进行两组，每组15到20下；有一定基础的运动者则可做3组，每组20下；高水平人士可以尝试4组，每组30到50下。

让我们做一个如图4-14所示的俯卧撑机器人吧！

图4-13　俯卧撑

图4-14　俯卧撑机器人

（1）模型搭建

俯卧撑机器人由齿轮传动部分和躯干部分组成。

① 齿轮传动部分　采用12齿的小齿轮带动36齿的大齿轮，实现减速传动。安装图如图4-15所示。

② 躯干部分　采用双格板搭建而成，完成图如图4-16所示。

图4-15　齿轮传动部分

图4-16　躯干部分

③ 完成图　将齿轮传动部分与躯干部分装配在一起，完成图如图4-14所示。

(2) 知识点

① 双脚转角连接器　如图4-17所示，机器人的身体用2×2双脚转角连接器连接2个垂直位置的双格板。VEX IQ常用的连接器有2×1双脚转角连接器、2×1.5双脚转角连接器和2×2双脚转角连接器等几种。

② 双格板　如图4-18所示，机器人的身体用3个2×8的双格板搭建，腿部用2个2×12的双格板搭建，脚用2个2×2的双格板搭建。VEX IQ常用的双格板有2×2双格板、2×4双格板、2×6双格板、2×8双格板、2×10双格板、2×12双格板、2×16双格板和2×20双格板等几种，如图4-18所示。

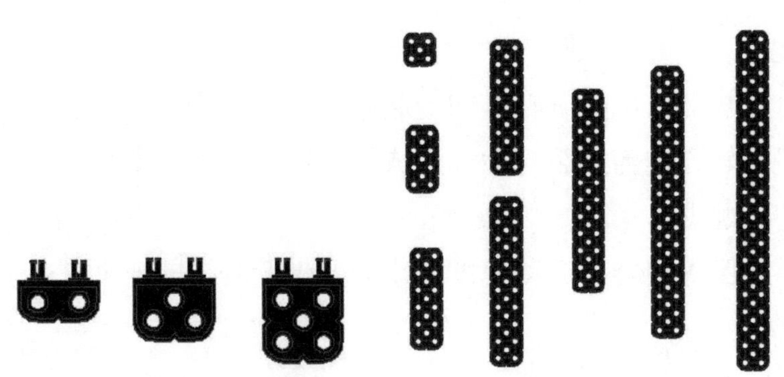

图4-17　双脚转角连接器　　图4-18　双格板

（3）任务

① 添加设备　如图4-19所示，添加电机和传感器：端口1–电机Motor1；端口2–触屏传感器TouchLED2。

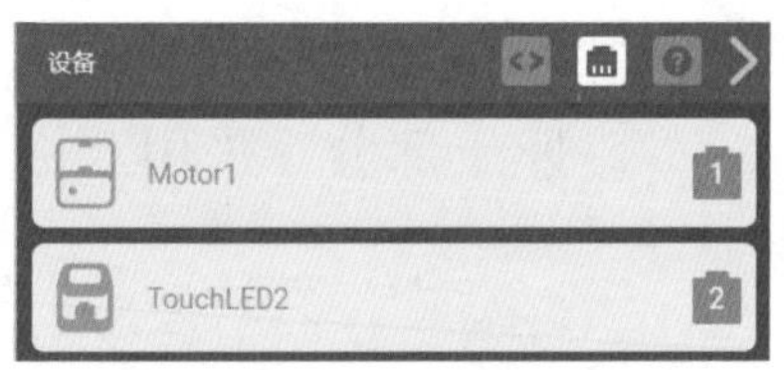

图4-19　添加电机和传感器

② 任务一　俯卧撑机器人做俯卧撑一次。参考程序如图4-20所示。

③ 任务二　TouchLED2显示红色，按下TouchLED2，TouchLED2显示绿色，开始做俯卧撑5下。参考程序如图4-21所示。

④ 任务三　按下TouchLED2，开始做俯卧撑，再按下TouchLED2，停止做俯卧撑。参考程序如图4-22所示。

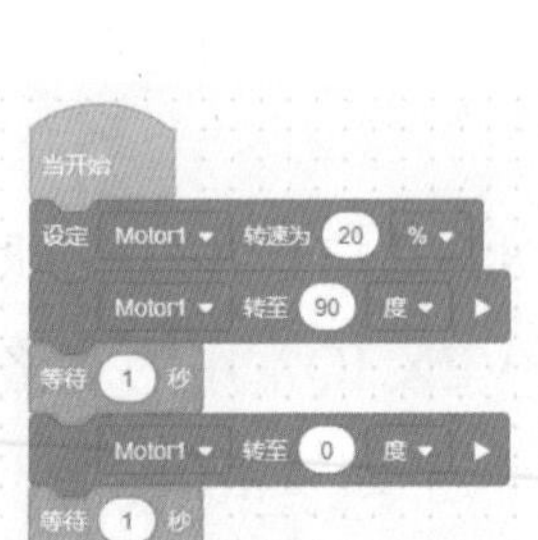

图4-20　任务一参考程序

图4-21　任务二参考程序

图4-22　任务三参考程序

（4）想一想

① 俯卧撑机器人电机旋转方向与起始位置有关吗？

② 电机旋转方向与安装对运动造成哪些影响？改变电机的旋转方向或者安装方向，进行测试。

③ 调整俯卧撑机器人运动速度为小朋友做俯卧撑的速度，并和俯卧撑机器人一起做运动。

4.3 舞动的机器人

跳舞是人们非常喜爱的一种娱乐节目，每年的春节晚会，专业的舞蹈演员会跳民族舞、现代舞和芭蕾舞等；丰收的季节，农民会跳起自由发挥的民间舞蹈表达喜悦的心情；六一儿童节，小朋友会跳自己编排的舞蹈。如图4-23所示，小朋友跳摇摆舞的样子多可爱呀！

喜欢跳舞吗？让我们做一个如图4-24所示的舞动的机器人吧！

图4-23 小朋友正在跳舞

图4-24 舞动的机器人

（1）模型搭建

舞动的机器人由驱动部分、躯干、机器人组成。

① 驱动部分　采用电机直接驱动，安装图如图4-25所示。

② 躯干　采用单孔梁搭建而成，完成图如图4-26所示。

③ 机器人　安上头和眼睛，一个机器人部分就搭建完成了，如图4-27所示。

图4-25 驱动部分

图4-26 躯干

图4-27 机器人

④ 完成图　将驱动部分与机器人装配在一起，一个自动舞动的机器人就完成了，如图4-24所示。

（2）知识点

① 单孔梁　如图4-27所示，小人的身体用1×6单孔梁搭建，小人四肢用4个1×6单孔梁搭建而成。VEX IQ常用的单孔梁有1×3、1×4、1×5、1×6、1×7、1×8、1×9、1×10、1×12等几种。

② 曲柄摇杆机构　如图4-28所示，齿轮A、连杆B、摇杆C和机架D组成曲柄摇杆机构。齿轮A带动连杆B，连杆B带动摇杆C进行摆动，从而实现腿部摆动的效果。

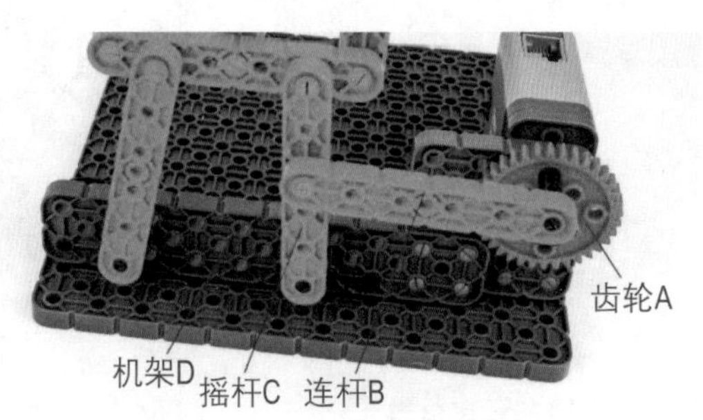

图4-28　腿部运动机构

（3）任务

① 添加设备　添加电机与传感器如图4-29所示。端口1–电机Motor1；端口2–触屏传感器TouchLED2。

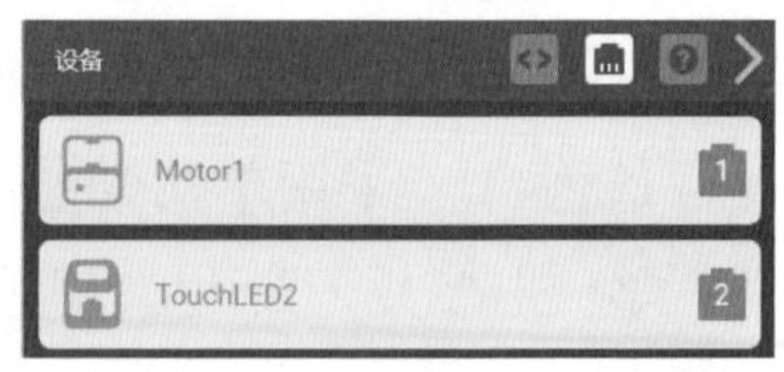

图4-29　添加电机与传感器

② 任务一　舞动机器人摆动10秒。参考程序如图4-30所示。

③ 任务二　TouchLED2显示红色，按下TouchLED2，TouchLED2显示绿色，开始舞动20次。

a. 分析。电机直接连接36齿的齿轮，而齿轮作为曲柄，齿轮转一圈相当于曲柄转动一圈，带动机器人的腿摆动一次。因此，使机器人摆动20次，也就是让电机转动20圈。

b. 编程。参考程序如图4-31所示。

④ 任务三　按下TouchLED2，机器人开始摆动，再按下TouchLED2，机器人停止摆动。参考程序如图4-32所示。

```
当开始
设定 Motor1 转速为 50 %
Motor1 正 转
等待 10 秒
Motor1 停止
```

图4-30　任务一程序

```
当开始
设定 Motor1 转速为 50 %
设定 TouchLED2 颜色为 红色
等到 TouchLED2 按下了?
设定 TouchLED2 颜色为 绿色
Motor1 正 转 20 转 ▶
Motor1 停止
```

图4-31　任务二程序

```
当开始
设定 Motor1 转速为 50 %
设定 TouchLED2 颜色为 红色
等到 TouchLED2 按下了?
等到 非 TouchLED2 按下了?
设定 TouchLED2 颜色为 绿色
永久循环
    如果 TouchLED2 按下了? 那么
        等到 非 TouchLED2 按下了?
        退出循环
    否则
        Motor1 正 转
设定 TouchLED2 颜色为 无色
Motor1 停止
```

图4-32　任务三程序

(4) 想一想

① 舞动机器人的运动与起始位置有关吗？

② 舞动机器人的结构有哪些问题？如何改进？

③ 舞动机器人电机反向转动，对舞动机器人的运动有影响吗？如何编程？

4.4 连杆机器人

自然界中有许多地形无法使用传统轮式或履带式车辆到达，而哺乳动物却能够在这些地形上行走自如，这充分展示出四足移动方式的优势。在动物的启发下，科研人员对四足机器人进行了深入研究，并取得了丰硕成果。如图4-33所示的四足机器人是成果之一。

让我们做一个如图4-34所示的会走路的连杆机器人吧！

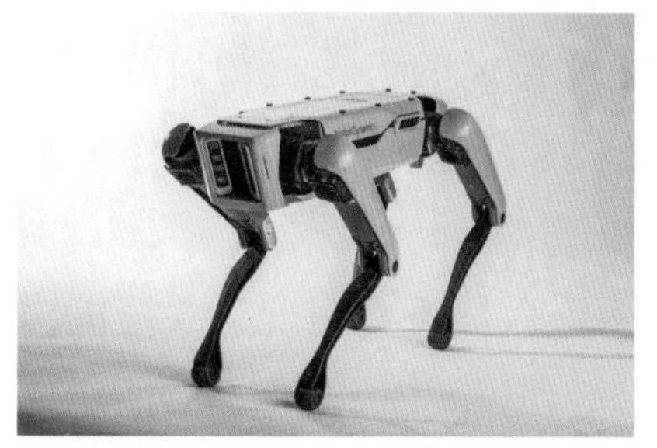

图4-33　四足机器人

图4-34　连杆机器人

（1）模型搭建

连杆机器人由传动齿轮、驱动电机、连杆运动链组成。

① 传动齿轮　如图4-35所示，由12齿的齿轮带动36齿的齿轮，实现减速运动。

② 驱动电机　采用双电机直接驱动。安装图如图4-36所示。

图4-35　齿轮传动

图4-36　电机驱动

③ 连杆运动链　采用单孔梁搭建而成，完成图如图4-37所示。此连杆运动链与曲柄和机架相连形成六杆机构。所谓运动链就是指两个以上的构件通过运动副而形成的系统。

④ 完成图　将电机驱动部分与连杆装配在一起，再固定上控制器，连杆机器人就搭建完成了，如图4-38所示。

图4-37　连杆运动链

图4-38　连杆机器人

（2）知识点

① 齿轮传动　如图4-35所示，电机驱动12齿的齿轮，12齿的齿轮带动36齿的齿轮。由齿轮带动3孔轴梁做回转运动。本实例采用3孔轴梁作为两个曲柄摇杆机构的曲柄。

② 腿部运动机构　左右腿的运动由两个六杆机构实现，六杆机构的六杆分别是曲柄A、连杆E、连杆B、摆杆F、摆杆C和机架D，如图4-39所示。六杆机构也可以看成由两个曲柄摇杆机构组合而成。由曲柄A、连杆E、摆杆F和机架D构

成一个曲柄摇杆机构，连杆E作为前腿；由曲柄A、连杆B、摆杆C和机架D构成另外一个曲柄摇杆机构，摆杆C作为后腿。这两个曲柄摇杆机构共用曲柄A。

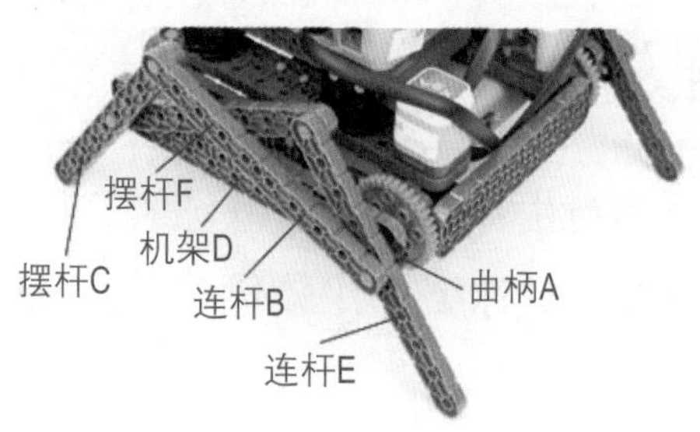

图4-39 腿部运动机构

（3）任务

① 添加设备　添加电机与传感器，如图4-40所示。端口1–左电机leftMotor；端口7–右电机rightMotor；端口2–触屏传感器TouchLED2。

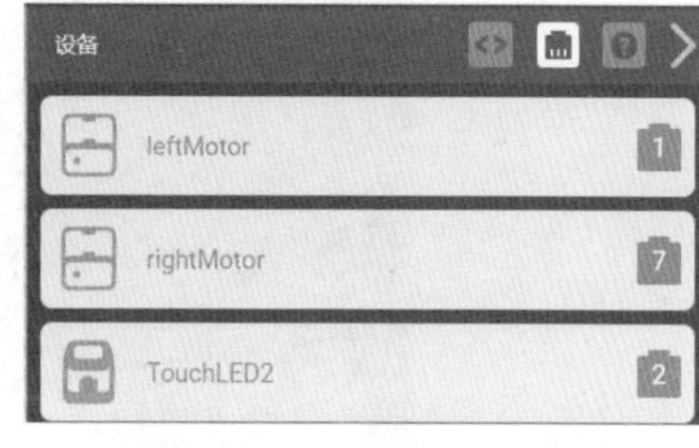

图4-40 添加电机与传感器

② 任务一　连杆机器人以50的速度行走20秒。参考程序如图4-41所示。

③ 任务二　TouchLED2显示红色，按下TouchLED2，TouchLED2显示绿色，连杆机器人开始行走20秒。参考程序如图4-42所示。

④ 任务三　按下TouchLED2，连杆机器人开始后退20秒。参考程序如图4-43所示。

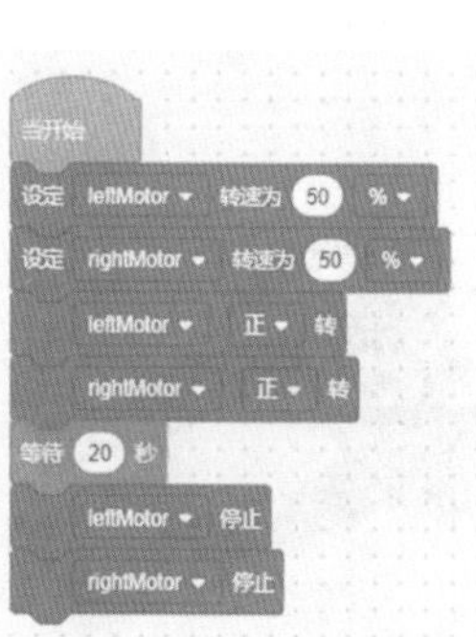

图4-41 任务一程序

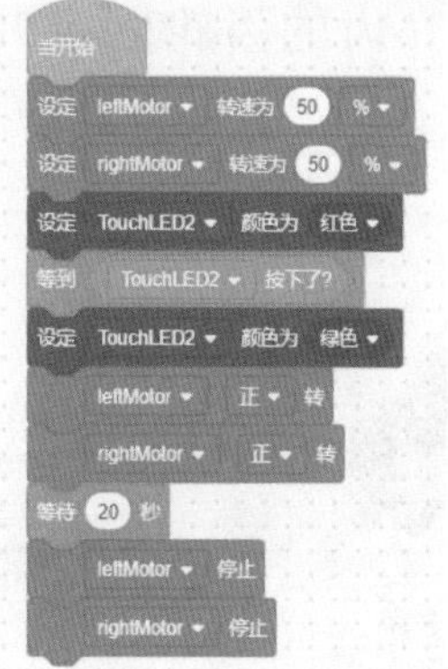

图4-42 任务二程序

图4-43 任务三程序

（4）想一想

① 连杆机器人腿部各杆之间的安装位置是否影响机器人的行走？

② 连杆机器人行走时有时打滑，如何解决？

③ 有没有办法让电机直接驱动连杆，让机器人行走?

4.5 游泳机器人

常见游泳姿势一般分为自由泳、蛙泳、蝶泳和仰泳。如图4-44所示，自由泳速度最快，蛙泳姿势比较优美，蝶泳爆发力最强，仰泳最省体力。

▶扫码看步骤◀

让我们做一个如图4-45所示的游泳机器人吧！

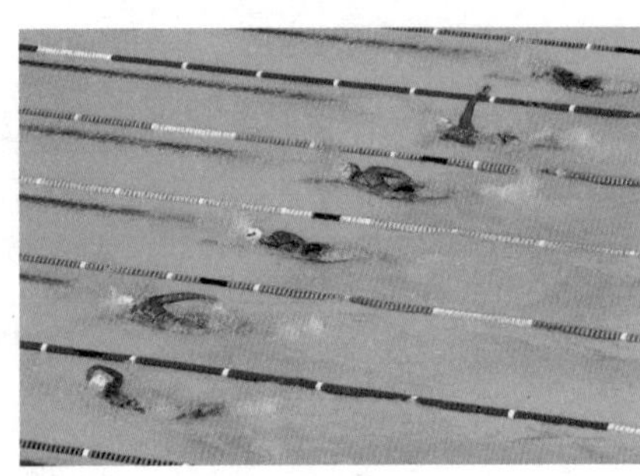
图4-44　游泳

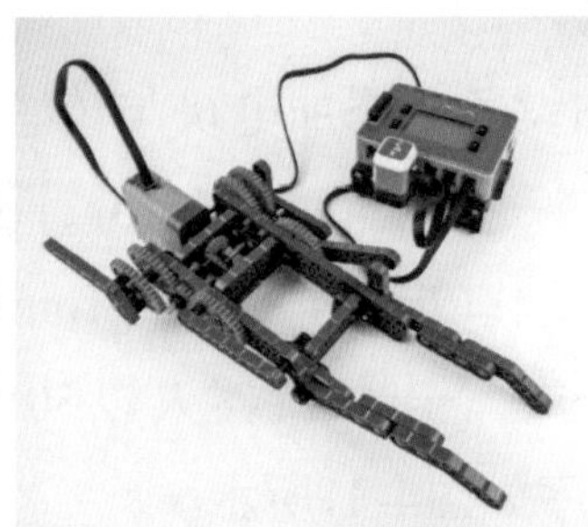
图4-45　游泳机器人

（1）模型搭建

游泳机器人由一个伞齿轮、手臂部分、腿部分组成。

① 伞齿轮　由两个伞齿轮垂直安装而成。完成图如图4-46所示。

② 手臂部分　利用2个36齿的齿轮固定90度弯梁作为手臂。安装图如图4-47所示。

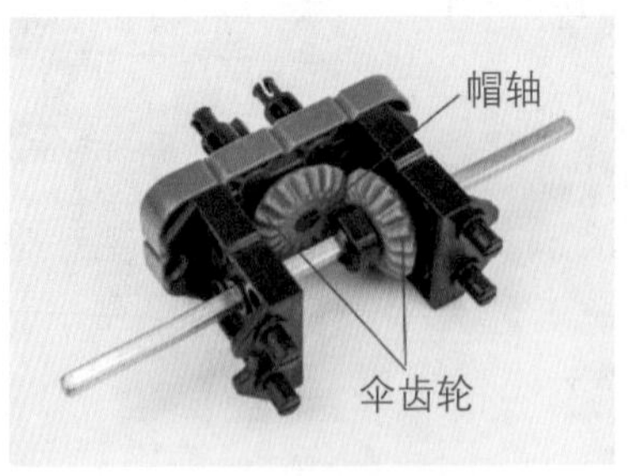

图4-46　伞齿轮传动

图4-47　手臂

③ 腿部分　将1个90度弯梁与一个30度弯梁装配在一起作为腿，如图4-48所示。

④ 整体部分　将各部件装配在一起，再固定上控制器，如图4-49所示。

图4-48 腿

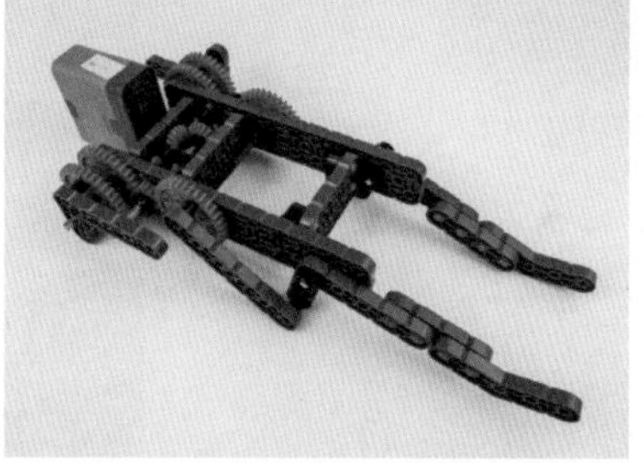
图4-49 游泳机器人

(2) 知识点

① 伞齿轮安装 如图4-46所示，与电机连接的伞齿轮轴最好用短帽轴，否则可能与另一个伞齿轮轴干涉。一对伞齿轮的安装位置要使伞齿轮传动正确。安装伞齿轮的长轴不能太长，避免与转动的手臂干涉。

② 腿部运动机构 如图4-50所示，由曲柄A、连杆B、摆杆C与机架D组成一个曲柄摇杆机构。6孔单孔梁安装在齿轮的偏心孔上，齿轮相当于曲柄A，绕齿轮轴做回转运动，带动连杆B运动，连杆B再带动摆杆C上下摆动，从而实现腿部的上下运动。

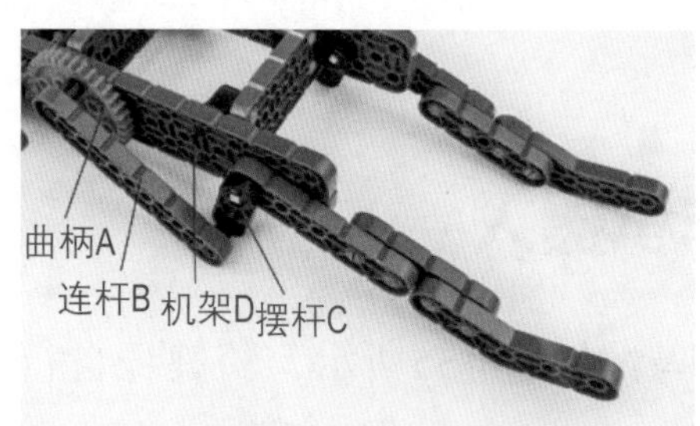

图4-50 腿部运动机构

(3) 任务

① 添加设备 如图4-51所示，添加电机和传感器。端口1-电机Motor1；端口2-触屏传感器TouchLED2。

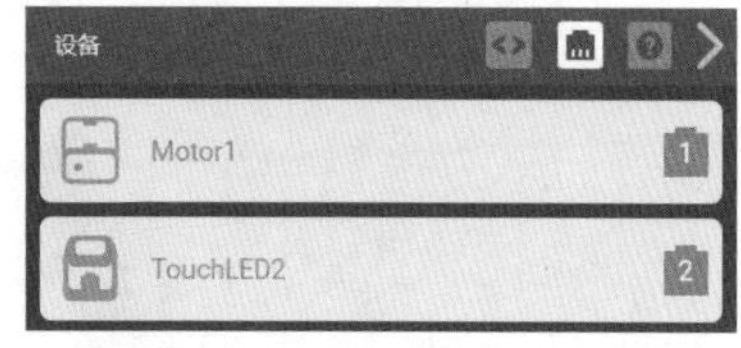

图4-51 添加电机和传感器

② 任务一 游泳机器人以100的速度运动50秒。参考程序如图4-52所示。

③ 任务二 TouchLED2显示红色，按下TouchLED2，TouchLED2显示绿色，游泳机器人开始运动10秒。参考程序如图4-53所示。

④ 任务三 按下TouchLED2，电机开始转动，再按下TouchLED2，电机停止转动。参考程序如图4-54所示。

```
当开始
设定 Motor1 ▾ 转速为 100 % ▾
Motor1 ▾ 正 ▾ 转
等待 50 秒
Motor1 ▾ 停止
```

图4-52　任务一程序

```
当开始
设定 Motor1 ▾ 转速为 50 % ▾
设定 TouchLED2 ▾ 颜色为 红色 ▾
等到 TouchLED2 ▾ 按下了?
等到 非 TouchLED2 ▾ 按下了?
设定 TouchLED2 ▾ 颜色为 绿色 ▾
Motor1 ▾ 正 ▾ 转
等待 10 秒
Motor1 ▾ 停止
```

图4-53　任务二程序

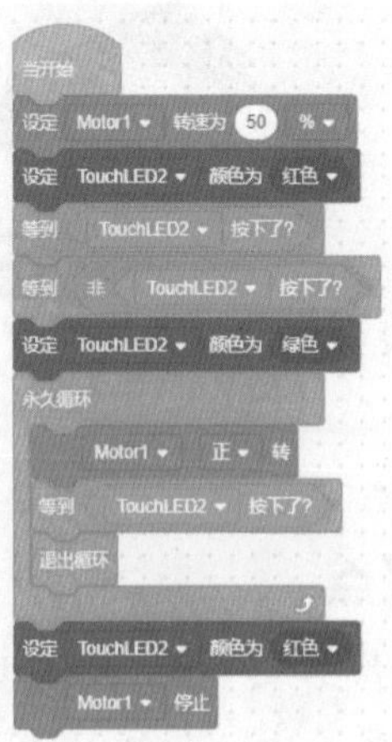

图4-54　任务三程序

（4）想一想

① 测试一下，游泳机器人完成一次游泳动作需要多长时间。

② 游泳机器人搭建中还有哪些问题？如何解决？

③ 游泳机器人的手臂和腿部是如何匹配的？自由游如何匹配？蝶泳如何匹配？跟哪些因素有关？

4.6 骑自行车机器人

你见过健身自行车吗？如图4-55所示，骑健身自行车时，手脚可同时对自行车做功，也可单独用手或脚驱动自行车运动，健身效果好。

让我们做一个如图4-56所示的骑健身自行车的机器人吧！

图4-55　健身自行车

图4-56　骑健身自行车的机器人

（1）模型搭建

骑健身自行车的机器人由电机、链和小人组成。

① 电机　在电机与双格板之间用1个单位的支撑柱连接，在板与电机之间的轴上安装一个橡胶套，用来防止轴脱离电机。电机用2×2的连接器固定在底板上，如图4-57所示。

② 链　如图4-58所示，电机驱动32齿的链轮，通过链条带动16齿的链轮，实现加速传动，链轮带动带轮，从而带动机器人运动。

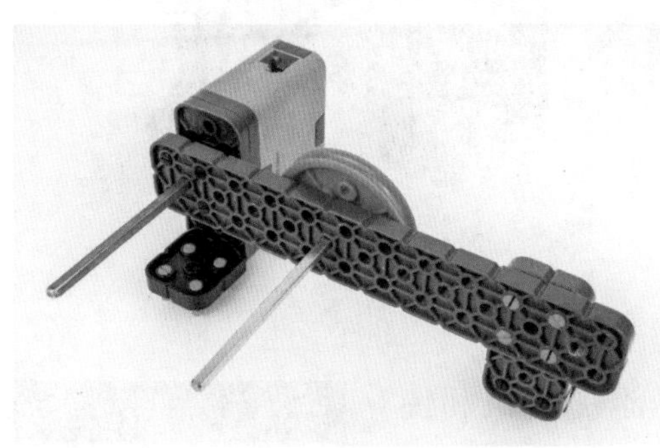

图4-57　电机安装

图4-58　链传动

③ 小人　用双格板搭建身体，并将其安装在一个4×4的宽板上，用32齿的链轮作为头部，2个30度弯梁作为腿，如图4-59所示。

④ 整体部分　将小人安装在带轮的偏心孔上，固定在方板上，再固定上控制器，如图4-60所示。

图4-59　小人

图4-60　骑健身自行车的机器人完成图

（2）知识点

① 链传动　如图4-61所示，电机驱动32齿的链轮，通过链条带动齿数为16

齿的链轮，实现加速运动。VEX IQ链轮有8齿、16齿、24齿、32齿、40齿等几种规格。

② 腿部运动机构　如图4-62所示，曲柄A、连杆B、摇杆C和机架D组成曲柄摇杆机构，曲柄A转动带动腿部运动。

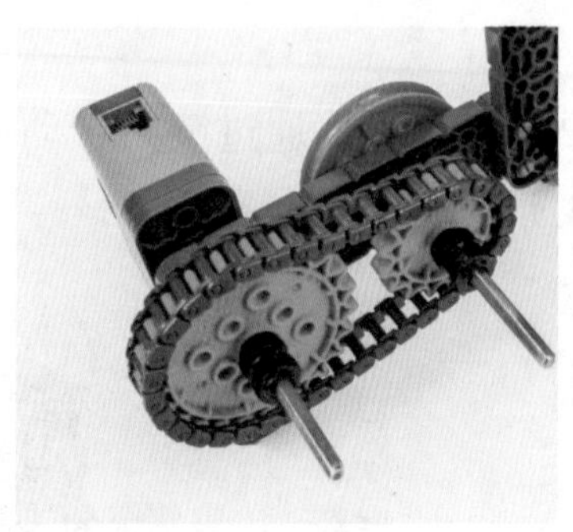

图4-61　链传动

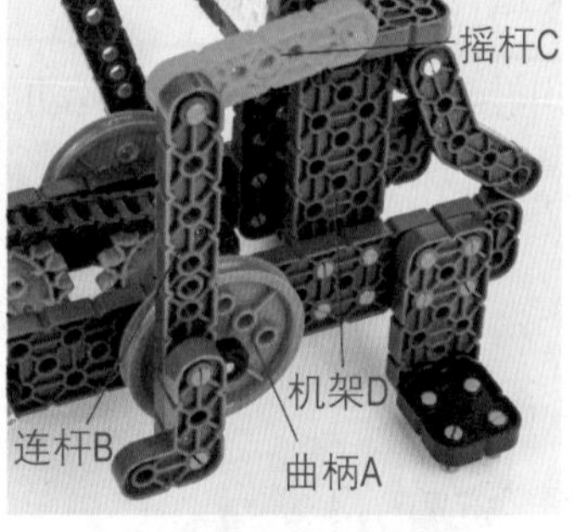

图4-62　腿部运动机构

（3）任务

① 添加设备　如图4-63所示，添加电机和传感器：端口1-电机Motor1；端口2-触屏传感器TouchLED2。

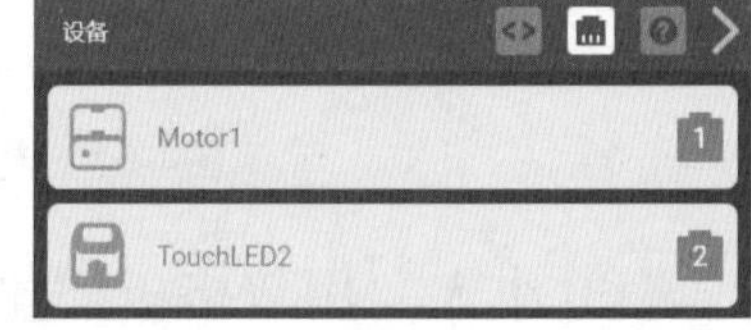

图4-63　添加电机和传感器

② 任务一　机器人以100的速度转动50秒。参考程序如图4-64所示。

③ 任务二　TouchLED2显示红色，按下TouchLED2，TouchLED2显示绿色，开始运动10秒。参考程序如图4-65所示。

④ 任务三　按下TouchLED2，电机开始转动，再按下TouchLED2，电机停止转动。参考程序如图4-66所示。

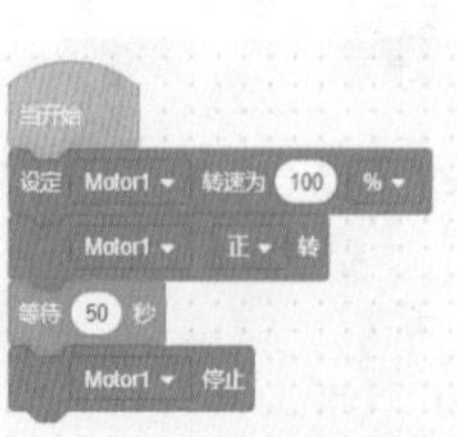

图4-64　任务一程序

图4-65　任务二程序

图4-66　任务三程序

（4）想一想

① 测试一下骑健身自行车的机器人骑行10圈需要多少时间。如果想让其骑行更快，你有什么办法？

② 骑健身自行车的机器人搭建中还有哪些问题？如何解决？你还想对骑健身自行车的机器人进行哪些结构完善？请你试一试。

③ 骑健身自行车的机器人正着骑10秒和倒着骑10秒，如何编程？

4.7 太空漫步机器人

我们经常在小区广场看到太空漫步健身器材，如图4-67所示，它是比较热门的健身器材，深受社区居民喜爱。通过它可以增强锻炼者的腰部、腿部和肩部的肌肉耐力，锻炼四肢的灵活性，提高身体协调性、平衡能力和有氧能力。

让我们来搭建一个如图4-68所示的太空漫步机器人吧！

图4-67　太空漫步健身器材

图4-68　太空漫步机器人

（1）模型搭建

太空漫步机器人主要由身体和头、伞齿轮、腿、驱动部分、底座部分组成。

① 身体和头　用双格板、单孔梁和弯梁搭建身体，用一个滑轮作为头部。完成图如图4-69所示。

② 伞齿轮　用3个伞齿轮实现双腿的交叉摆动。伞齿轮正反转动是通过曲柄摇杆机构实现的，安装图如图4-70所示。

③ 腿　由双格板、单孔梁和弯梁搭建，完成图如图4-71所示。

图4-69　身体和头部

图4-70　伞齿轮传动

图4-71　腿

④ 驱动部分　由电机带动齿轮转动，通过曲柄摇杆机构带动腿部摆动，通过伞齿轮实现两条腿反向运动。完成图如图4-72所示。

⑤ 底座部分　底座用于支撑走路的机器人，固定控制器。完成图如图4-73所示。

⑥ 整体部分　将太空漫步机器人的身体、腿部、电机驱动装配在一起，固定在底座上。完成图如图4-74所示。

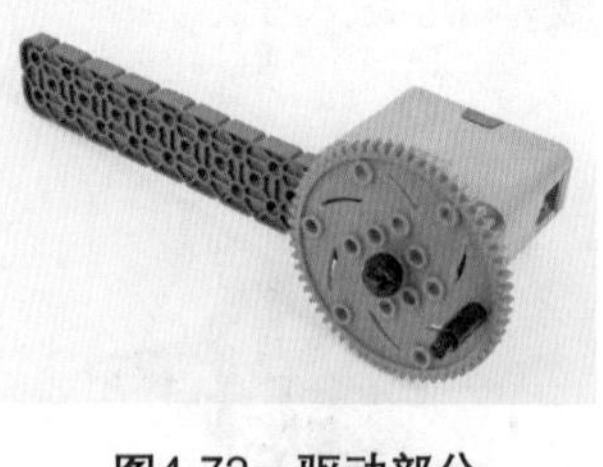

图4-72　驱动部分

图4-73　底座部分

图4-74　太空漫步机器人完成图

（2）知识点

① 伞齿轮传动　如图4-75所示，一对伞齿轮呈90度安装，用作两垂直轴的传动。左右两个伞齿轮运动速度一样但转动方向相反，可以实现两条腿的前后运动。

② 腿部运动机构　如图4-76所示，齿轮A、连杆B、摇杆C和机架组成曲柄摇杆机构，带动腿部摆动。

图4-75 伞齿轮传动

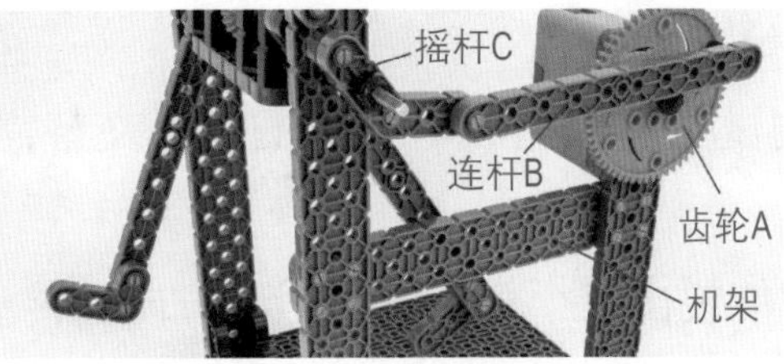

图4-76 腿部运动机构

（3）任务

① 添加设备 如图4-77所示，添加电机和传感器：端口1–电机Motor1；端口2–触屏传感器；TouchLED2；端口3–触碰传感器Bumper3。

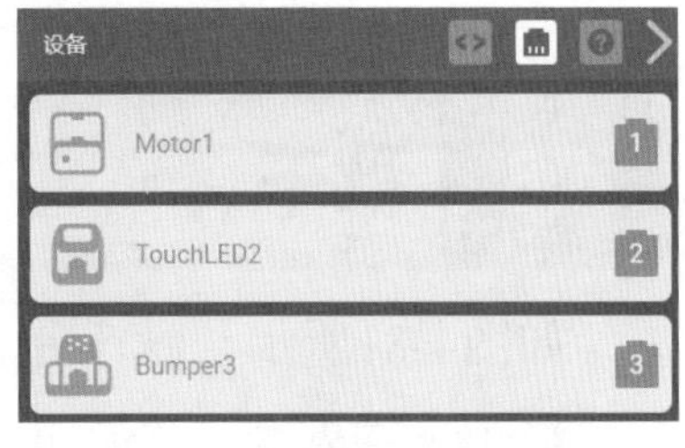

图4-77 添加电机和传感器

② 任务一 太空漫步机器人以50的速度摆动10次。参考程序如图4-78所示。

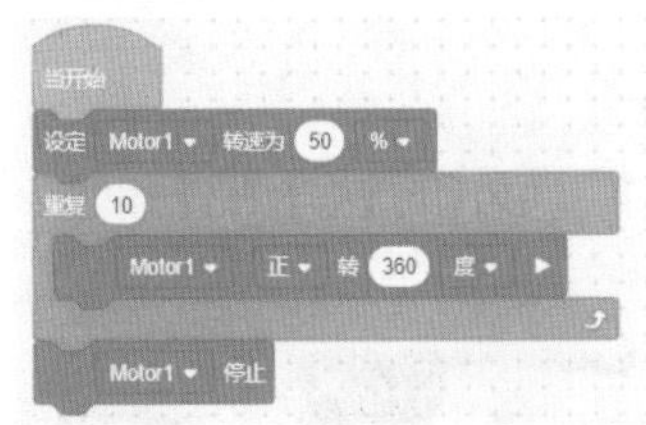

图4-78 任务一程序

③ 任务二 按下Bumper3，TouchLED2显示绿色，太空漫步机器人以20的速度转动5秒，TouchLED2显示蓝色，以40的速度转动5秒，TouchLED2显示红色，以60的速度转动5秒后停止。参考程序如图4-79所示。

④ 任务三 按下Bumper3，TouchLED2显示绿色，太空漫步机器人以20的速度运动；再按下Bumper3，TouchLED2显示蓝色，以40的速度运动；再按下Bumper3，TouchLED2显示红色，以60的速度运动；再按下Bumper3，TouchLED2显示蓝色，以40的速度运动；再按下Bumper3，TouchLED2显示绿色，以20的速度转动，循环往复。参考程序如图4-80所示。

图4-79 任务二程序

图4-80 任务三程序

(4) 想一想

① 测试一下，完成一次脚的前后交替需要多长时间。这样的摆动速度合适吗?

② 你能说出三个伞齿轮的运动方向和传动关系吗? 太空漫步机器人搭建中还有哪些问题? 如何解决?

③ 太空漫步机器人的伞齿轮传动是如何固定的? 还有其他方式吗?

4.8 秋千

如图4-81所示，秋千是常见的游戏用具，将长绳系在架子上，绳子下端安装一个座板，人坐在座板上，由其他人拉动绳子来回摆动。我们常在公园里、社区甚至庭院中看到小朋友高兴地荡秋千。

▶扫码看步骤◀

让我们来搭建一个如图4-82所示的秋千吧!

图4-81 秋千

图4-82 秋千模型图

(1) 模型搭建

秋千主要由底座、秋千座、驱动电机、装饰风车、秋千机构组成。

① 底座 用双格板、12×12的方板和4×12的宽板搭建而成。完成图如图4-83所示。

② 秋千座 用双格板搭建而成，结实而且可连接。安装图如图4-84所示。

③ 驱动电机 单电机驱动，完成图如图4-85所示。

图4-83 底座

图4-84 秋千座

图4-85 电机驱动

④ 装饰风车 秋千两侧上方安装两个小风车，看起来非常可爱。完成图如图4-86所示。

⑤ 秋千机构 在座位的侧边安装上两个立柱，穿上钢轴，秋千机构就做好了。完成图如图4-87所示。

⑥ 整体部分 将秋千固定在底座上，再安装一个控制器，完成图如图4-88所示。

图4-86 装饰风车

图4-87 秋千机构

图4-88 秋千

（2）知识点

① 装饰风车 如图4-86所示，用2个45度双弯梁和1个36齿的齿轮搭建而成，我们常用齿轮与弯梁组合搭建电风扇、螺旋桨和割草机的刀盘等。

② 惰轮 惰轮的主要作用是改变从动轮的转向、增加传动距离等。惰轮不影响齿轮的传动比。在如图4-89所示的齿轮传动中，电机驱动36齿的齿轮，带动12齿的齿轮，再带动36齿的齿轮，从而带动秋千机构往复摆动，中间12齿的齿轮为惰轮。

图4-89 惰轮

（3）任务

① 添加设备　如图4-90所示，添加电机和传感器：端口1-电机Motor1；端口2-触屏传感器TouchLED2。

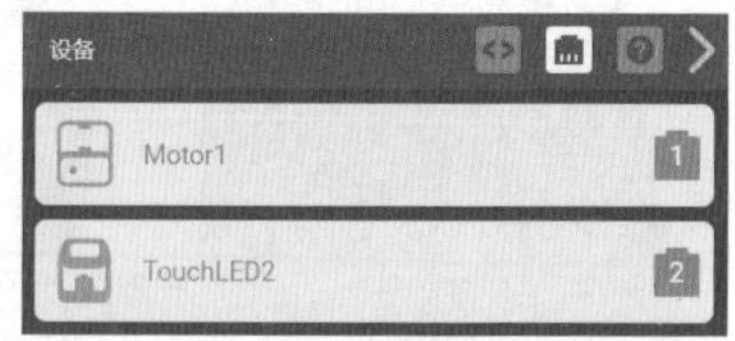

图4-90　添加电机和传感器

② 任务一　秋千摆动10下。参考程序如图4-91所示。

③ 任务二　从最低位置开始，来回荡秋千。参考程序如图4-92所示。

④ 任务三　模拟真实的荡秋千过程，首先将秋千升至80度位置，秋千越来越快，摆动到最低位置，然后又越来越慢摆动到最高位置，再返回来，越来越快摆动到最低位置，循环摆动10次。参考程序如图4-93所示。

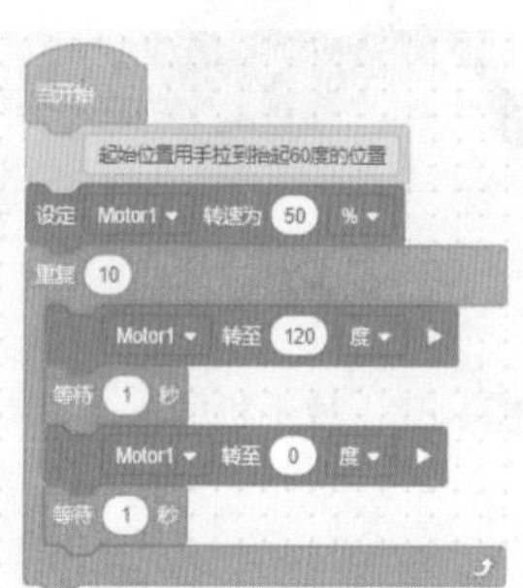

图4-91　任务一程序

图4-92　任务二程序

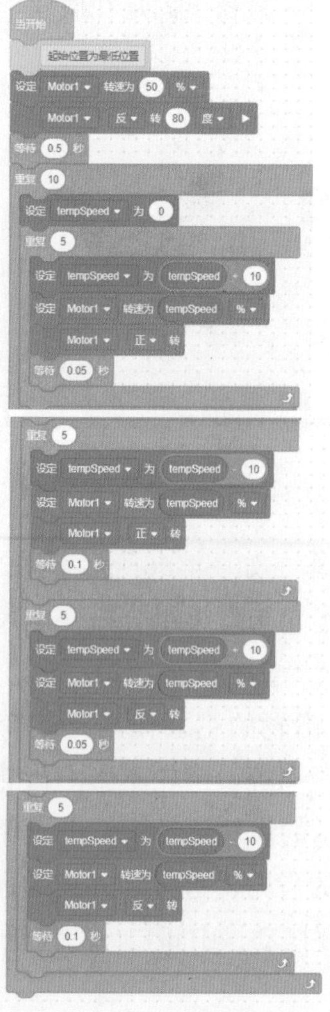

图4-93　任务三程序

（4）想一想

① 测试一下，秋千摆动多少度合适。

② 惰轮在整个结构中起到了哪些关键作用？秋千搭建中还有哪些问题？如何改进？

③ 改造一下，能否让电机在带动秋千的同时，也带动装饰风车一起转动？

4.9 击剑

古代，剑是一种武器，人们用剑防身和杀敌，但现在人们已经将剑作为一种健身工具，在公园里经常会看到人们在舞剑，那一招一式既健身又愉悦心情。有的体育比赛也会设有如图4-94所示的击剑运动项目。

▶扫码看步骤◀

让我们搭建一个如图4-95所示的击剑机器人吧！

图4-94　击剑运动

图4-95　击剑机器人

（1）模型搭建

击剑机器人主要由传动齿轮、击剑机器人躯干、击剑手、驱动电机组成。

① 传动齿轮　连杆带动齿数为60的大齿轮，大齿轮再带动2个36齿的齿轮。完成图如图4-96所示。

图4-96　齿轮传动

② 击剑机器人躯干　用一个4×8的宽板作为躯干，用单孔梁搭建击剑手臂。安装图如图4-97所示。

③ 击剑手　将2个单孔梁与击剑手身体装配在一起。完成图如图4-98所示。

④ 驱动电机　将电机安装在4×6的宽板上，完成图如图4-99所示。

⑤ 整体部分　将击剑机器人、电机和控制器装配在一起，完成图如图4-100所示。

图4-97　击剑机器人躯干

图4-98　击剑手

图4-99　电机驱动

图4-100　击剑机器人

(2) 知识点

① 多级齿轮传动　如图4-101所示的齿轮传动。

a. 后手臂的齿轮传动。由60齿的齿轮带动48齿的齿轮，48齿的齿轮带动12齿的齿轮。

b. 击剑手臂的齿轮传动。由60齿的齿轮带动48齿的齿轮，48齿的齿轮带动第二个48齿的齿轮，第二个48齿的齿轮带动12齿的齿轮。

图4-101　多级齿轮传动

② 电机的安装　如图4-102所示，电机用4根8个单位的支撑柱固定在底板上。

图4-102 奇数单孔梁

（3）任务

① 添加设备 如图4-103所示，添加电机和传感器：端口1–电机Motor1；端口2–触屏传感器TouchLED2。

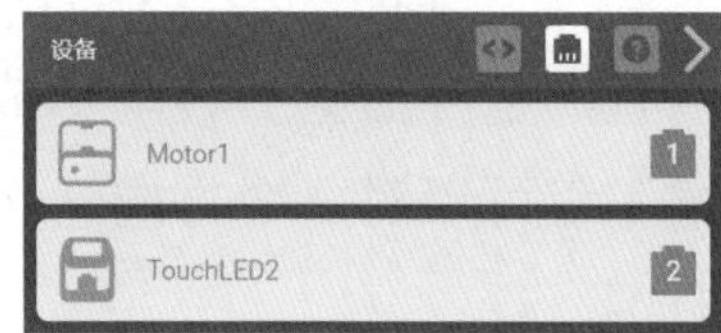

图4-103 添加电机和传感器

② 任务一 电机刹车模式设置为“锁住”模式，击剑一次，并发出声音。参考程序如图4-104所示。

③ 任务二 按下TouchLED2，击剑一次，再按下，再击剑，不断击剑。参考程序如图4-105所示。

④ 任务三 按下TouchLED2，连续击剑20秒结束。参考程序如图4-106所示。

图4-104 任务一程序

图4-105 任务二程序

图4-106 任务三程序

（4）想一想

① 测一测，手臂从初始位置抬到水平位置需要的角度是多少？

② 击剑机器人搭建中还有哪些问题？如何改进？

③ 任务三中如果击剑机器人手臂快速抬起，慢慢放下，如何编程？试一试。

4.10 立式风扇

夏天，可以借助立式风扇对室内通风换气，防暑降温，改善环境。如图4-107所示，风扇是用电驱动产生气流的装置，内置的扇叶通电后转动形成自然风来达到乘凉的效果。立式风扇不仅可以对一个方向送风，还可以通过左右摇头来增加送风范围。

▶扫码看步骤◀

让我们搭建一个如图4-108所示的立式风扇吧！

图4-107　立式风扇

图4-108　立式风扇模型

（1）模型搭建

立式风扇主要由回转台、驱动电机、扇叶、立式风扇主体组成。

① 回转台　将回转零件固定在12×12的方板上，完成图如图4-109所示。

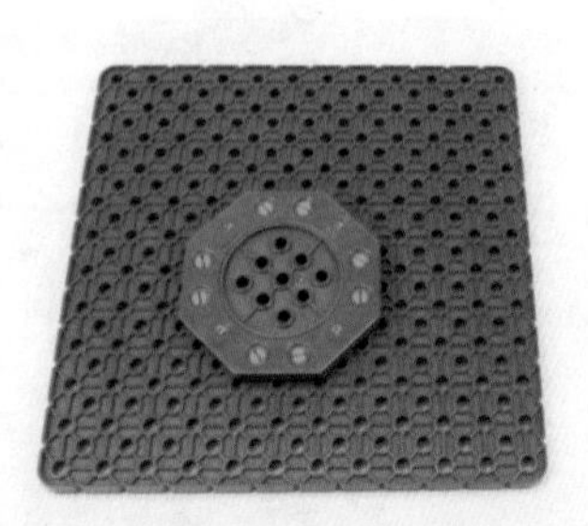
图4-109　回转台

② 驱动电机　电机驱动60齿的齿轮带动12齿的小齿轮，实现加速传动，如果电机速度为100，则电扇速度为500。安装图如图4-110所示。

③ 扇叶 6个45度双弯梁连接起来，固定在60齿的齿轮上组成扇叶，为了美观，装上彩色3孔单孔梁。完成图如图4-111所示。

图4-110 电机驱动

④ 立式风扇主体 将电机驱动部分和扇叶装配在一起，固定在转台上，完成图如图4-108所示。

⑤ 整体部分 将主控制器、传感器固定在底座上，连接数据线。完成图如图4-112所示。

图4-111 扇叶

图4-112 立式风扇完成图

(2) 知识点

① 回转零件 如图4-109所示，利用回转零件搭建转台或旋转底座，使转动平稳可靠。

② 齿轮加速传动 如图4-110所示，电机驱动齿数多的齿轮，带动齿数少的齿轮，可以实现加速传动。例如电扇的扇叶，电机驱动齿数为60的齿轮，带动齿数为12的齿轮，实现5倍加速，如果电机输出转速为100r/min，则电扇转速为500r/min。

(3) 任务

① 添加设备 如图4-113所示，添加电机和传感器：端口1–电机Motor1；端口7–电机Motor7；端口8–触屏传感器TouchLED1。

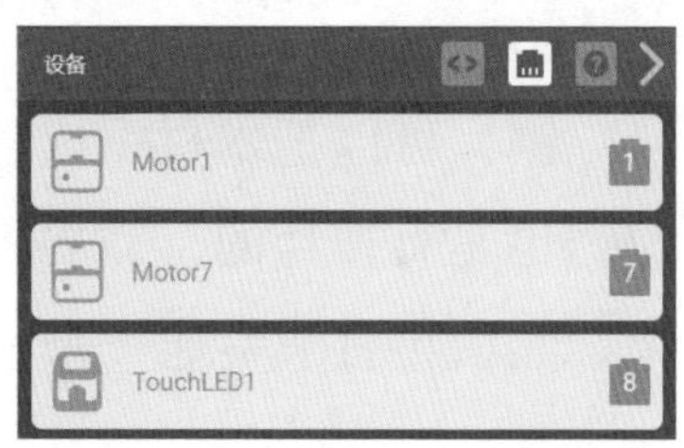

图4-113 添加电机与传感器

② 任务一 扇叶以500的速度转动5秒。

a. 编程分析。电机驱动60齿的齿轮，带动12

齿的齿轮，实现扇叶5倍加速转动，如果电机速度为100，则扇叶转动速度为100×60/12=500。

b. 编程。参考程序如图4-114所示。

③ 任务二　风扇左右摆动120度，转动10秒。摆动电机驱动12齿的小齿轮，带动60齿的大齿轮，如果电扇需要摆动120度，则电机需要摆动120×60/12=600度。参考程序如图4-115所示。

④ 任务三　按下TouchLED1，扇叶旋转并左右摆动10秒。参考程序如图4-116所示。

图4-114　任务一程序

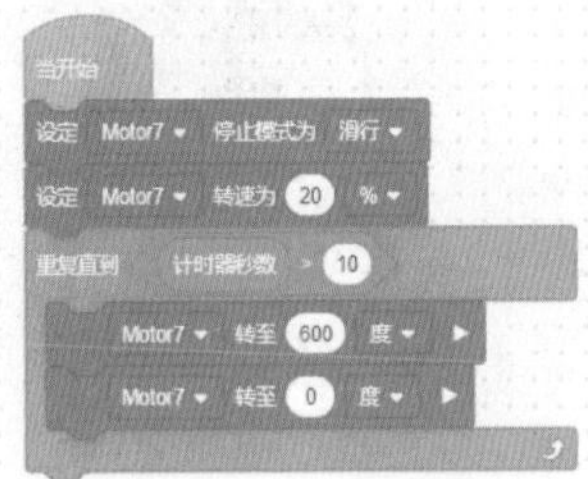

图4-115　任务二程序

图4-116　任务三程序

(4) 想一想

① 测一测，风扇摆动一次的时间是多少？都与哪些因素有关？

② 风扇搭建中还有哪些问题？如何改进？如果使风扇转动更快，如何实现？

③ 如果要风扇实现阵风模式（有时快有时慢），如何编程？试一试。

4.11 拉锯机器人

锯，可以把木材锯成各种形状，或达到木材需要的尺寸。拉锯也是有技巧的，需要先开出锯路，让锯齿切入材料一段距离，然后再有节奏地一来一往地锯木头，如图4-117所示。

让我们搭建一个如图4-118所示的拉锯机器人吧！

图4-117　锯木头

图4-118　拉锯机器人

（1）模型搭建

拉锯机器人主要由锯、驱动电机、滑轨支撑架、小人组成。

① 锯　搭建一个方框作为锯，方框下面装了三个齿条滑块。完成图如图4-119所示。

② 驱动电机　电机驱动12齿的齿轮，带动60齿的齿轮，实现减速传动，增大力矩。安装图如图4-120所示。

③ 滑轨支撑架　采用双格板搭建支撑架，使用齿条作为轨道。完成图如图4-121所示。

④ 小人　使用双格板、单孔梁和45度弯梁搭建而成，完成图如图4-122所示。

⑤ 整体　将驱动电机、滑轨支撑架和小人组装在一起，再固定一个控制器。完成图如图4-118所示。

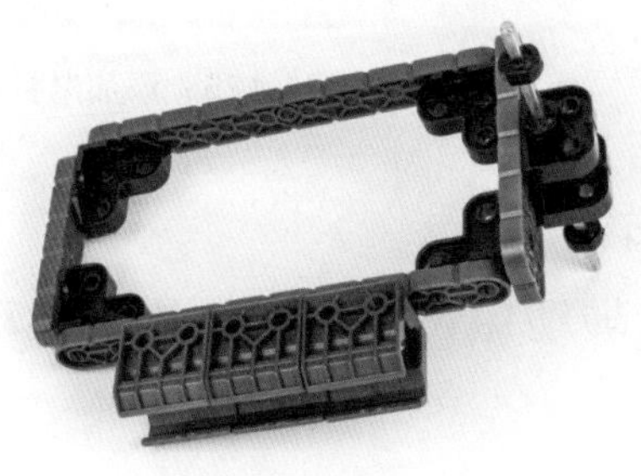
图4-119　锯

图4-120　电机驱动

图4-121 滑轨支撑架

图4-122 小人

（2）知识点

① 轨道 如图4-123所示，将齿条固定在双格板上作为锯的轨道。

② 锯运动机构 如图4-124所示，由齿轮A、连杆B、滑块C和机架D组成曲柄滑块机构。齿轮A相当于曲柄，齿轮A转动带动锯沿着齿条轨道往复移动。

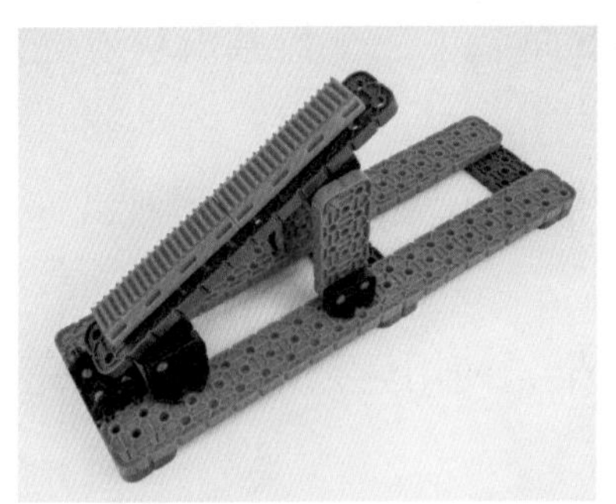

图4-123 轨道

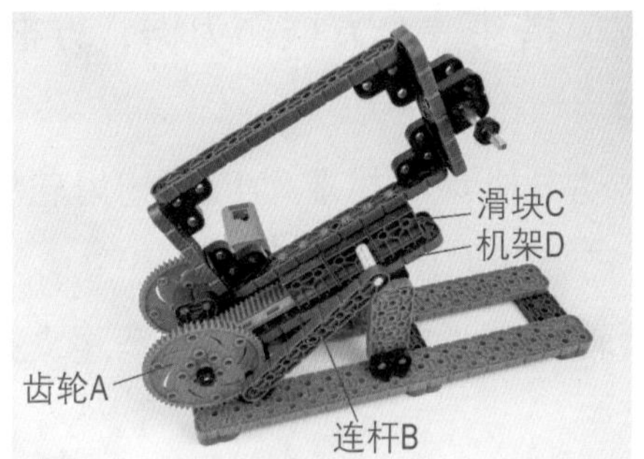

图4-124 锯运动机构

（3）任务

① 添加设备 如图4-125所示，添加电机和传感器：端口1-电机Motor1；端口2-触屏传感器TouchLED2。

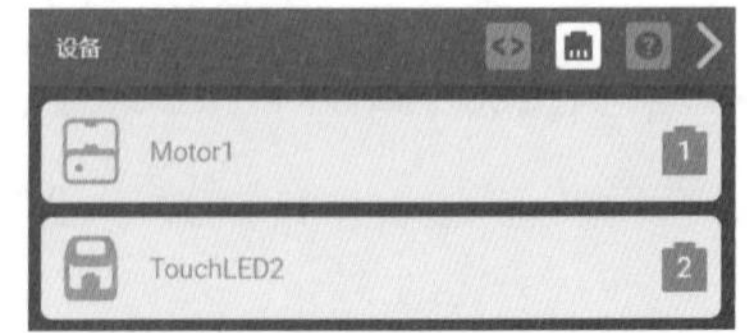

图4-125 添加电机和传感器

② 任务一 电机转动20秒。参考程序如图4-126所示。

③ 任务二 按下TouchLED2，大齿轮转动5圈。

a. 编程分析。小齿轮转动5圈，大齿轮转动1圈，所以需要电机转动25圈。

b. 编程。参考程序如图4-127所示。

④ 任务三 按下TouchLED2，拉锯机器人开始工作，再按下TouchLED2，拉锯机器人停止工作。参考程序如图4-128所示。

```
当开始
设定 Motor1 ▾ 停止模式为 刹车 ▾
设定 Motor1 ▾ 转速为 100 % ▾
Motor1 ▾ 正 ▾ 转
等待 20 秒
Motor1 ▾ 停止
```

图4-126 任务一程序

```
当开始
设定 Motor1 ▾ 停止模式为 刹车 ▾
设定 Motor1 ▾ 转速为 100 % ▾
设定 TouchLED2 ▾ 颜色为 红色 ▾
等到 TouchLED2 ▾ 按下了?
设定 TouchLED2 ▾ 颜色为 绿色 ▾
Motor1 ▾ 正 ▾ 转 25 转 ▾ ▶
Motor1 ▾ 停止
```

图4-127 任务二程序

图4-128 任务三程序

（4）想一想

① 测一测，电机转动5圈，锯运动的长度是多少？

② 拉锯机器人搭建中还有哪些问题？如何改进？

③ 如果希望增大拉锯的速度，如何改进？试一试。

4.12 机器青蛙

绿色的外衣上有深色的条纹，两只鼓鼓的大眼睛，大嘴巴，白肚皮，四条腿，前腿短，后腿长，这就是如图4-129所示的青蛙。它喜欢住在稻田、沟渠和池塘的水边，每天可以吃掉许多害虫，所以青蛙是人类的朋友。

▶扫码看步骤◀

让我们搭建一个如图4-130所示的大青蛙吧！

图4-129 青蛙

图4-130 机器青蛙

（1）模型搭建

机器青蛙主要由移动底盘、驱动电机、青蛙前腿、青蛙后腿组成。

图4-131　移动底盘

① 移动底盘　移动底盘使用一个电机进行驱动。完成图如图4-131所示。

② 驱动电机　电机驱动青蛙腿，安装2个轮毂作为青蛙眼睛。安装图如图4-132所示。

③ 青蛙前腿　采用齿轮传动，用单孔梁搭建前腿。完成图如图4-133所示。

④ 青蛙后腿　青蛙后腿由单孔梁搭建，前腿带动后腿运动，完成图如图4-134所示。

⑤ 整体　将移动底盘、电机驱动、青蛙腿和主控制器装配在一起。完成图如图4-135所示。

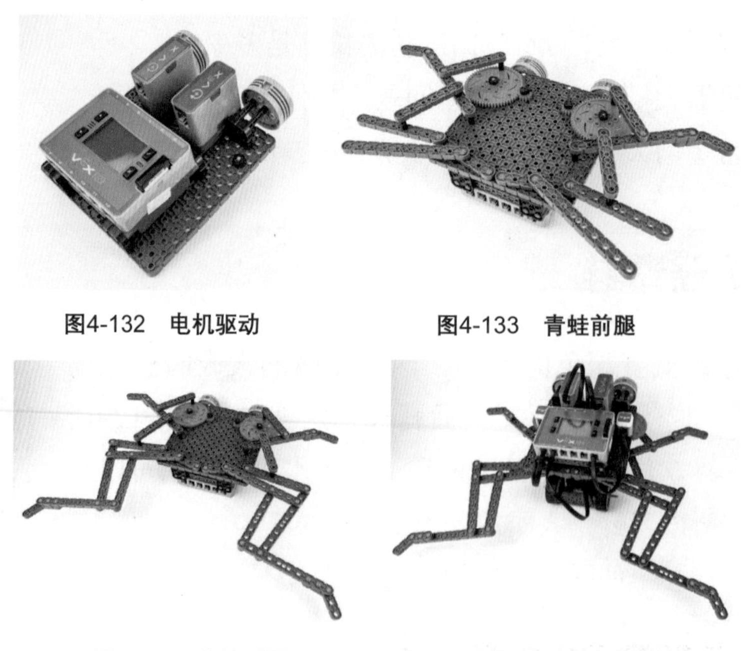

图4-132　电机驱动

图4-133　青蛙前腿

图4-134　青蛙后腿

图4-135　机器青蛙

（2）知识点

① 减速齿轮传动　电机驱动12齿的齿轮，带动60齿的齿轮运动，齿轮传动比为60/12=5。即如果电机输出速度为100r/min，则大齿轮的速度为20r/min。减速齿轮传动可以增加传动转矩，如图4-136所示。

② 前腿和后腿运动机构　如图4-137所示，齿轮A、连杆B、摇杆C和机架组成曲柄摇杆机构，齿轮A转动带动摇杆C摆动，即青蛙前腿运动。摇杆C、连杆D、摇杆E和机架组成双摇杆机构。摇杆E、连杆F、摇杆G和机架也组成双摇杆机构。因此，齿轮A转动，带动前腿运动，同时带动后腿运动。

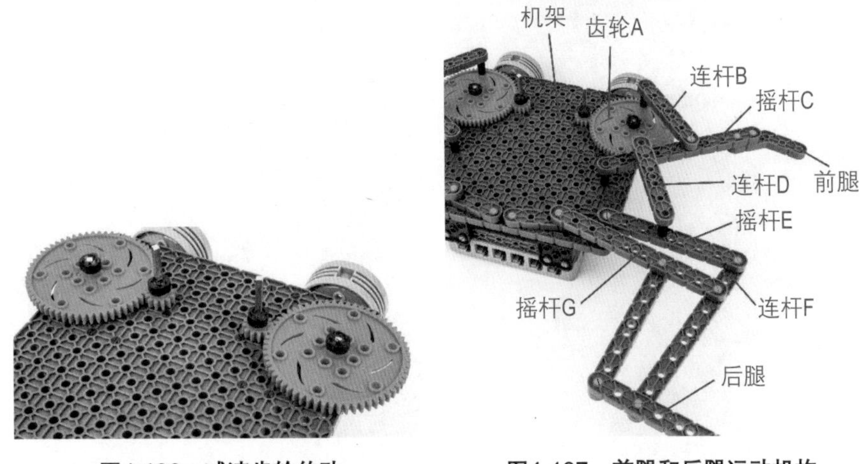

图4-136　减速齿轮传动　　图4-137　前腿和后腿运动机构

(3) 任务

① 添加设备　如图4-138所示，添加电机和传感器：端口10–电机ForwardMotor；端口7–电机Motor7；端口12–电机Motor12；端口8–触屏传感器TouchLED8。

② 任务一　青蛙前进5秒。参考程序如图4-139所示。

③ 任务二　青蛙四肢运动10秒。参考程序如图4-140所示。

④ 任务三　按下TouchLED8，青蛙一边前进一边运动四肢，再按下TouchLED8，青蛙停止全部运动。参考程序如图4-141所示。

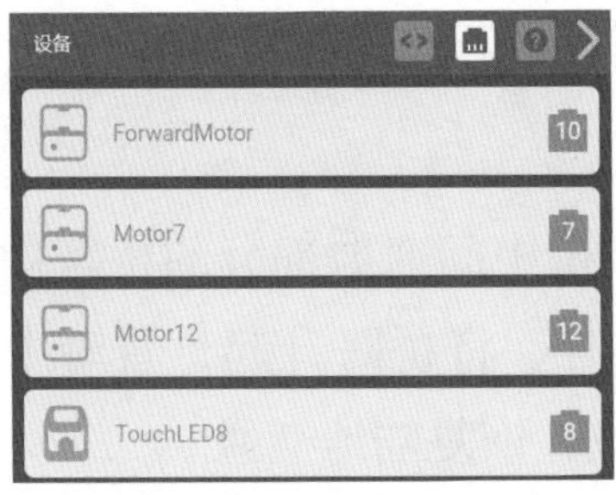

图4-138　添加电机和传感器

图4-139　任务一程序

图4-140　任务二程序

图4-141　任务三程序

（4）想一想

① 测一测，青蛙四肢运动一次需要多长时间？运动时间与哪个指令块有关系？试着进行调整。

② 青蛙的结构中，电机是如何将力传递到每一条腿上的，试着进行修改，改变青蛙运动的幅度。

③ 搭建中还有哪些问题？如何改进？

④ 青蛙结构中小齿轮和大齿轮的传动比是多少？为什么使用小齿轮带动大齿轮？

4.13 升降桥

如图4-142所示，升降桥中间通航部分的桥跨做成可以升降的结构。当船舶要通过时，将桥跨升起，暂时中断桥上交通，船舶通过后再降回原位，恢复陆地交通。

▶扫码看步骤◀

跨度最大的升降桥是美国纽约州斯塔滕岛和新泽西州伊丽

莎白之间的奥瑟基尔（Arthur Kill）桥，跨度170m，为单线铁路桥，建于1959年。

让我们的搭建一个如图4-143所示的升降桥吧！

图4-142 升降桥

图4-143 升降桥模型

（1）模型搭建

升降桥主要由驱动电机、侧支撑板、支撑板、桥面、桥墩部分组成。

① 驱动电机 采用一个电机驱动小带轮，再带动大的带轮，转动吊绳滑轮，从而吊起桥面。完成图如图4-144所示。

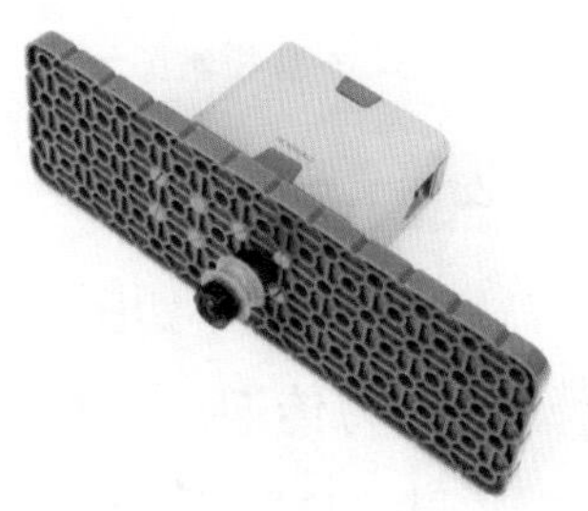
图4-144 电机驱动

② 侧支撑板 用1个4×12的宽板和双格板搭建一个侧支撑板，由2个侧支撑板构成一个桥墩。完成图如图4-145所示。

③ 支撑板 采用两个4×12的宽板组成另一个桥墩。完成图如图4-146所示。

④ 桥面 用2个双格板搭建桥面，安装2个立板用于拴住吊绳。完成图如图4-147所示。

⑤ 一头桥墩部分 将两个侧支撑板和桥面装配在一起。完成图如图4-148所示。

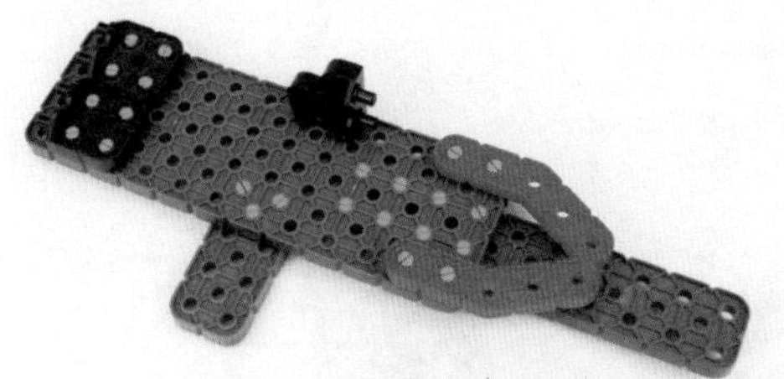
图4-145 侧支撑板

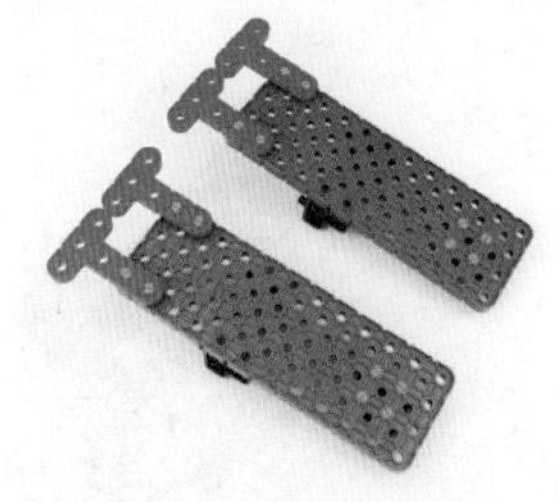
图4-146 支撑板

⑥ 另一头桥墩部分　使用一个4×4的宽板将两个支撑板连接成一个桥墩，上面用支撑柱加固。完成图如图4-149所示。

⑦ 整体　将桥墩和桥面装配在一起，在带轮上套上传动带传递动力，再固定一个控制器。完成图如图4-150所示。

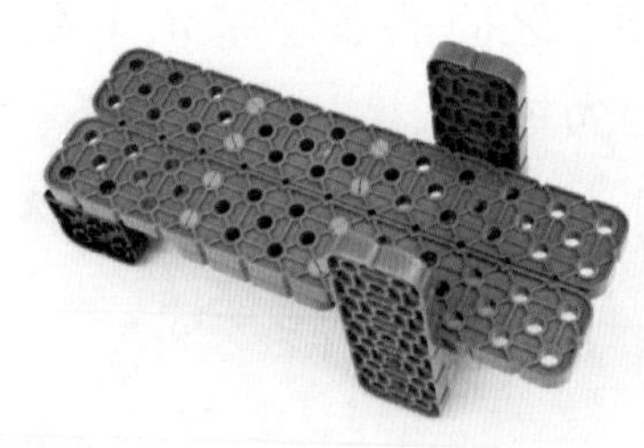
图4-147　桥面

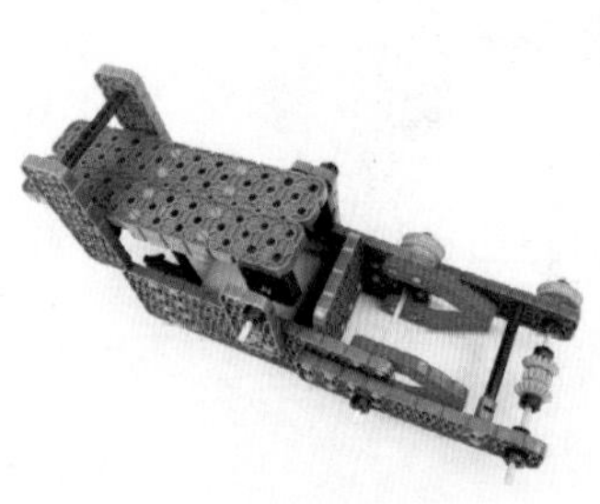
图4-148　一头桥墩部分

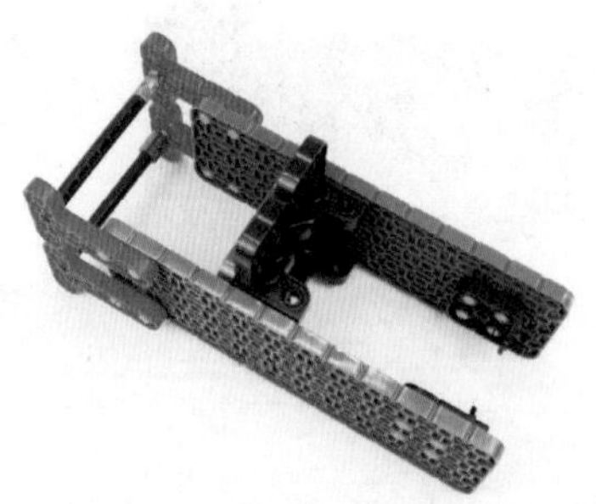
图4-149　另一头桥墩部分

图4-150　升降桥完成图

(2) 知识点

① 带传动　如图4-151所示，带传动是使用柔性带进行运动或动力传递的一种机械传动。带传动依靠带与带轮接触面间产生的摩擦力来传递运动与动力。带传动具有结构简单、传动平稳、能缓冲吸振、可以在大的轴间距和多轴间传递运动与动力的特点，且其造价低廉、不需润滑、维护容易，在近代机械传动中应用十分广泛。

图4-151　带传动

② 轮轴　由轮和轴组成，能绕共同轴线旋转的机械，叫作轮轴。如图4-152所示，轮轴是一种省力机械，用两个12齿的齿轮搭建轮轴，线拴在桥面的一端，当轮轴转动时，可以吊起桥面。

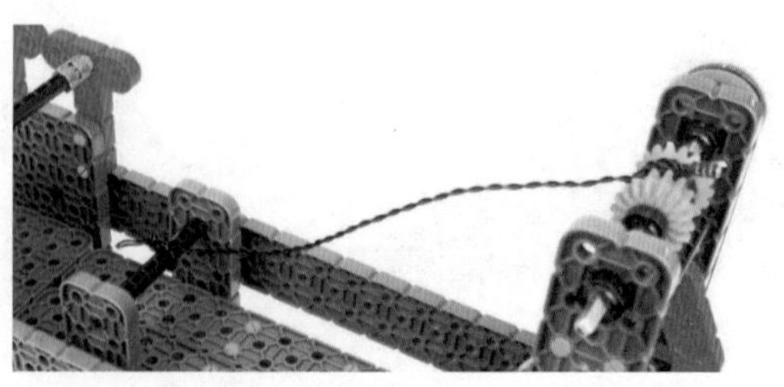
图4-152　轮轴的应用

（3）任务

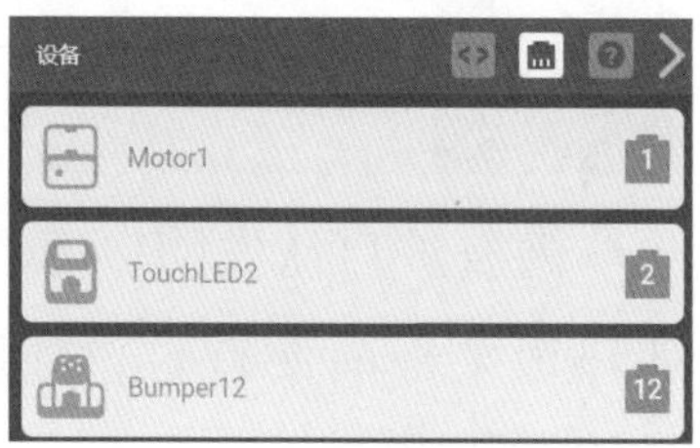

图4-153 添加电机和传感器

① 添加设备　如图4-153所示，添加电机和传感器设置：端口1–电机Motor1；端口2–触屏传感器TouchLED2；端口12–触碰传感器Bumper12。

② 任务一　升降桥升起和降落。参考程序如图4-154所示。

③ 任务二　TouchLED2显示红色，按下TouchLED2，TouchLED2显示绿色，电机转动2500度，桥吊起，停留1秒，下降，碰到触碰传感器，停止下降，TouchLED2显示红色并报警。参考程序如图4-155所示。

④ 任务三　TouchLED2显示红色，按下TouchLED2，TouchLED2显示绿色，电机转动2000度，桥面抬起，TouchLED2显示黄色，并报警，再按下TouchLED2，TouchLED2显示绿色，桥面开始下降到0位，TouchLED2显示红色，并报警。参考程序如图4-156所示。

图4-154 任务一程序

图4-155 任务二程序

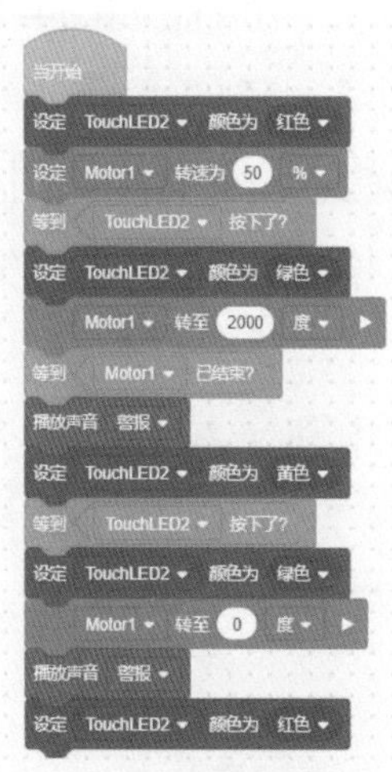

图4-156 任务三程序

（4）想一想

① 测一测，桥面上升到最高时的角度是多少？需要电机转多少度？

② 为什么升降桥中使用带传动？带传动与齿轮传动各有哪些优势？

③ 如何将触碰传感器安装到合适的位置，使触碰传感器易于操控？

4.14 微波炉

微波炉自从发明以来，逐渐走入千家万户，人们用微波炉加热饭菜，简便省时，如图4-157所示的微波炉是我们日常生活的好帮手。

让我们搭建一个如图4-158所示的微波炉吧！

图4-157　微波炉

图4-158　微波炉模型

（1）模型搭建

微波炉主要由驱动电机、底座、框架组成。

图4-159　电机驱动

① 驱动电机　采用一个电机驱动转盘，转盘采用转盘零件搭建而成。完成图如图4-159所示。

② 底座　用1个4 × 12的宽板、4个双格板搭建底座，用支撑柱固定转盘。完成图如图4-160所示。

③ 框架　用双格板搭建而成。完成图如图4-161所示。

④ 整体　安装电机，控制门的开关，模型上部固定控制器。完成图如图4-158所示。

图4-160　底座

图4-161　框架

(2) 知识点

① 微波炉转盘　如图4-162所示，用转盘零件搭建微波炉的转盘，转动更稳定。

② 微波炉门　如图4-161所示，门用一根长钢轴与微波炉框架相连，门可以绕轴转动。

图4-162　微波炉转盘

(3) 任务

① 添加设备　如图4-163所示，添加电机和传感器：端口1–电机Motor1；端口6–电机Motor6；端口2–触屏传感器TouchLED2。

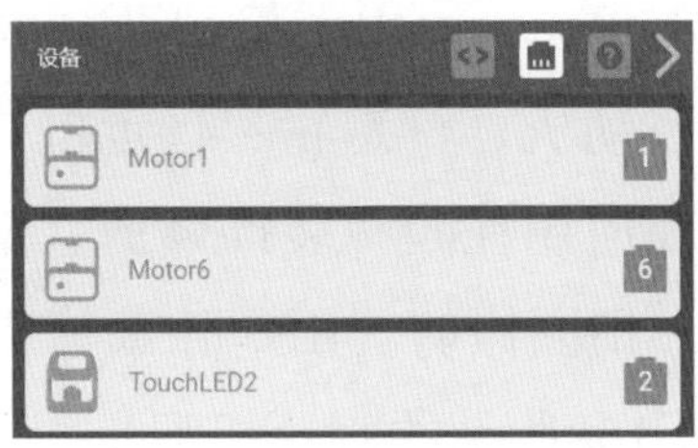

图4-163　添加电机和传感器

② 任务一　微波炉转盘正向转动10秒，反向转动10秒。参考程序如图4-164所示。

③ 任务二　TouchLED2显示红色，按下TouchLED2，TouchLED2显示绿色，门打开，再按下TouchLED2，门关闭，TouchLED2显示黄色。参考程序如图4-165所示。

④ 任务三　TouchLED2显示红色，按下TouchLED2，TouchLED2显示绿色，发出声音，门打开，再按下TouchLED2，门关闭并发出声音，TouchLED2显示黄色，计时10秒，转盘转动，时间到，转盘停止，发出报警。参考程序如图4-166所示。

图4-164　任务一程序

图4-165　任务二程序

图4-166　任务三程序

(4) 想一想

① 观察一下，微波炉门打开60度与电机转动60度是否一致。

② 微波炉搭建中转盘零件具有哪些特点？微波炉结构还有哪些问题？如何改进？

③ 任务三中，如果判断时间等于10秒，是否可以实现时间到转盘立即停止，编程试一试。

4.15 割草机

如图4-167所示，割草机是一种用于修剪草坪、植被等的机械工具，它是由刀盘、发动机、行走轮、行走机构、刀片、扶手、控制部分组成。主要应用在园林装饰修剪、草地绿化修剪、城市街道、绿化景点、田园修剪、田地除草等环境中。

▶扫码看步骤◀

让我们搭建一个如图4-168所示的割草机吧！

图4-167 割草机

图4-168 割草机模型

(1) 模型搭建

割草机主要由刀盘和电机、车轮、车体、把手组成。

① 刀盘和电机 采用齿轮、90度倒角弯梁和3孔单孔梁搭建刀盘，用一个电机驱动刀盘。完成图如图4-169所示。

图4-169 刀盘和电机

② 车轮和电机 电机直接驱动车轮。驱动轮采用周长为250mm的大胶轮，前车轮采用周长为160mm的普通胶轮。完成图如

图4-170所示。

③ 车体　将刀盘与车轮安装在一起。完成图如图4-171所示。

④ 把手　用单孔梁和60度弯梁搭建而成。完成图如图4-172所示。

⑤ 完成图　将车体和把手搭建在一起，再安装上控制器。完成图如图4-173所示。

图4-170　车轮和电机

图4-171　车体

图4-172　把手

图4-173　割草机

（2）知识点

① 刀盘　如图4-174所示，用36齿的齿轮和2个90度倒角弯梁搭建，用4个3孔单孔梁加长刀盘。

② 胶轮　如图4-175所示，割草机后轮为周长250mm的胶轮，前轮为周长160mm的胶轮。VEX IQ胶轮的周长有100mm，160mm、200mm、250mm等几种。

图4-174　刀盘

图4-175　胶轮

（3）任务

① 添加设备　如图4-176所示，添加电机和传感器。端口7–电机Motor7；端口12–电机leftMotor；端口6–电机rightMotor；端口5–触屏传感器TouchLED5；端口1–触碰传感器Bumper1。

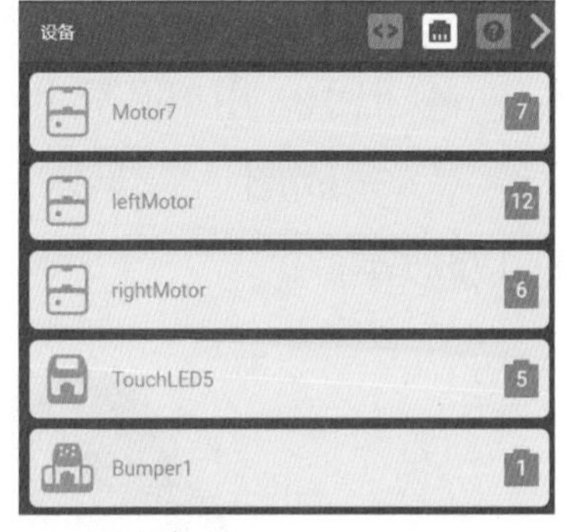

图4-176　添加电机和传感器

② 任务一　割草机刀盘转动10秒。参考程序如图4-177所示。

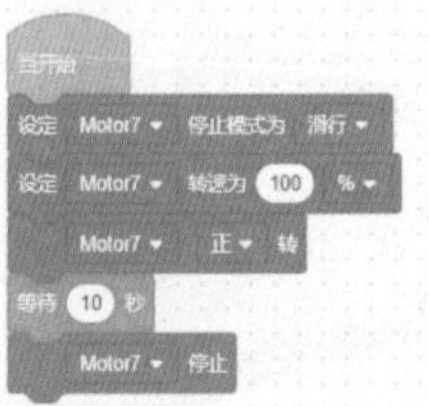

图4-177　任务一程序

③ 任务二　TouchLED5显示红色，按下TouchLED5，TouchLED5显示绿色，割草机开始工作，碰到障碍物后退1秒调头180度。参考程序如图4-178所示。

```
当开始
设定 Motor7 停止模式为 滑行
设定 Motor7 转速为 100 %
设定 leftMotor 转速为 50 %
设定 rightMotor 转速为 50 %
设定 leftMotor 停止模式为 刹车
设定 rightMotor 停止模式为 刹车
设定 TouchLED5 颜色为 红色
等到 TouchLED5 按下了?
等到 非 TouchLED5 按下了?
设定 TouchLED5 颜色为 绿色
重复直到 Bumper1 按下了?
    leftMotor 正 转
    rightMotor 正 转
leftMotor 反 转
rightMotor 反 转
等待 1 秒
leftMotor 正 转
rightMotor 反 转
等待 1.5 秒
leftMotor 停止
rightMotor 停止
```

图4-178　任务二程序

④ 任务三　TouchLED5显示红色，按下TouchLED5，TouchLED5显示绿色，开始割草，如果碰到障碍物，后退一定距离，转弯继续工作，再按下TouchLED5，停止工作。程序设计分为三部分。

a. 第一部分。初始化程序：设置刀盘电机的制动模式为滑行模式，左右驱动电机的制动模式为刹车模式，设定刀盘电机速度为100，左右驱动电机速度为50。设定TouchLED5显示红色，按下TouchLED5，显示绿色。参考程序如图4-179所示。

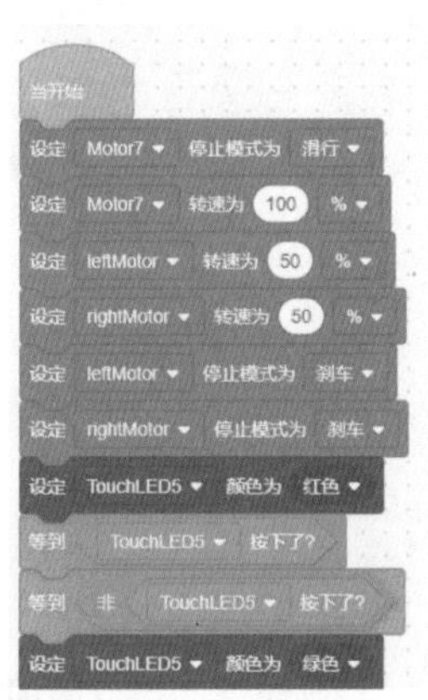

图4-179　任务三程序1

b. 第二部分。割草机一直工作，如果碰到障碍物，则后退一定距离，然后转弯，继续工作，如果按下TouchLED5，则退出循环。参考程序如图4-180所示。

```
永久循环
    leftMotor 正 转
    rightMotor 正 转
    如果 TouchLED5 按下了? 那么
        等到 非 TouchLED5 按下了?
        退出循环
    如果 Bumper1 按下了? 那么
        leftMotor 反 转
        rightMotor 反 转
        Motor7 正 转
        等待 1 秒
        leftMotor 正 转
        rightMotor 反 转
        等待 1 秒
```

图4-180　任务三程序2

c. 第三部分。停止工作，参考程序如图4-181所示。

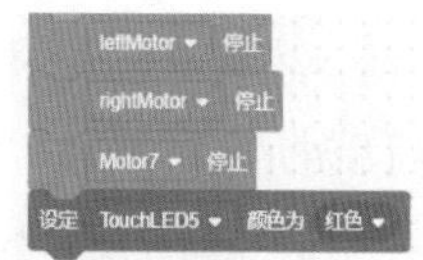

图4-181 任务三程序3

（4）想一想

① 观察一下，在不考虑打滑的情况下，后轮转动一圈，前轮转动多少？

② 割草机的结构设计中，刀盘的高度与哪些因素有关系？搭建中还有哪些问题？如何改进？

③ 如果割草机工作中碰到障碍物，不后退，直接转弯或掉头会如何？编程试一试。

4.16 机器蠕虫

如图4-182所示的蚕宝宝是丝绸的主要原料来源，在人类经济生活及文化历史上占有重要地位。你养过蚕吗？你观察过蚕是如何爬行的吗？蚕宝宝是靠身体的蠕动向前行走的，像蚕宝宝一样蠕动向前行走的昆虫叫作蠕虫。

让我们仿蚕宝宝搭建一个如图4-183所示的机器蠕虫吧！

图4-182 蚕宝宝

图4-183 机器蠕虫

（1）模型搭建

机器蠕虫主要由驱动电机、后腿和前腿组成。

① 驱动电机 采用单电机驱动12齿的小齿轮，带动36齿的大齿轮，实现减速运动。完成图如图4-184所示。

图4-184 电机驱动

② 后腿 用双格板搭建而成，与电机驱动装配在一起。完成图如图4-185所示。

③ 前腿　将控制器作为前腿的一部分，用双格板搭建而成。完成图如图4-186所示。

④ 完成图　将前腿、后腿、齿轮传动和支撑结构装配在一起，安装上控制器。机器蠕虫完成图如图4-187所示。

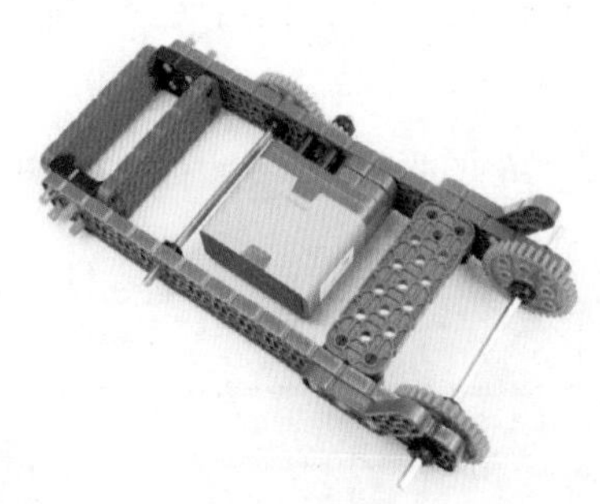

图4-185　后腿

图4-186　前腿

图4-187　机器蠕虫完成图

（2）知识点

① 棘轮机构　如图4-188所示，用36齿的齿轮、支撑柱接头和黑皮筋做成棘轮机构，棘轮机构可以保证机器人只能前进，不能后退。

② 曲柄　如图4-189所示，由电机驱动齿数为36齿的齿轮，齿轮作为曲柄通过连杆带动摇杆摆动，由摇杆带动后腿运动。

图4-188　棘轮机构

图4-189　曲柄

（3）任务

① 添加设备　如图4-190所示，添加电机和传感器。端口1–电机motor1；端口4–触屏传感器onTouchLED；端口10–触屏传感器offTouchLED。

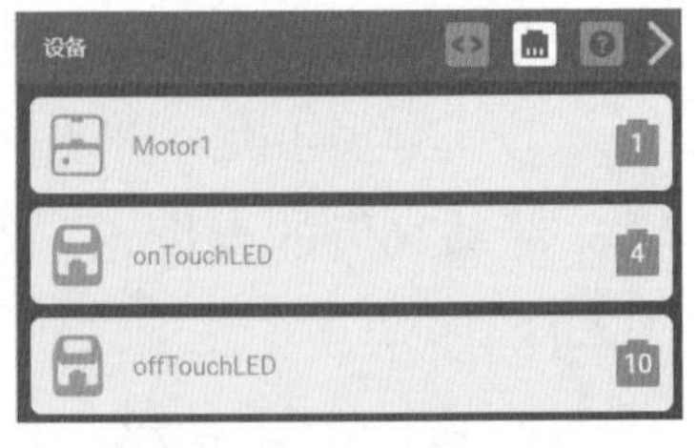

图4-190　添加电机和传感器

② 任务一　机器蠕虫运动20秒。参考程序如图4-191所示。

③ 任务二　按下onTouchLED，机器蠕虫以50

的速度运动，再按下offTouchLED，机器蠕虫停止运动。参考程序如图4-192所示。

④ 任务三　按下onTouchLED，机器蠕虫前进10步，同时onTouchLED闪烁绿光，offTouchLED闪烁红光。参考程序如图4-193、图4-194所示。

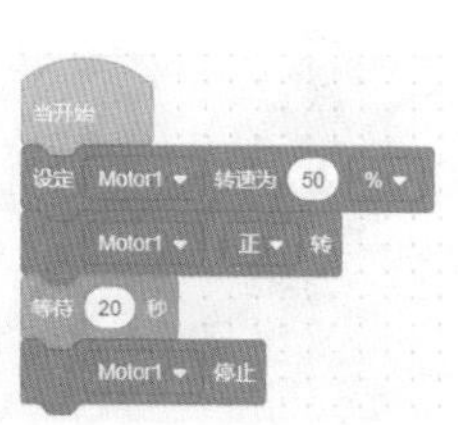

图4-191　任务一程序

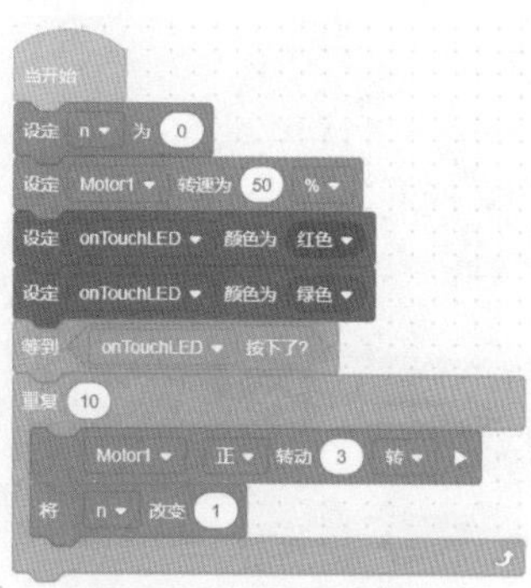

图4-193　任务三程序1

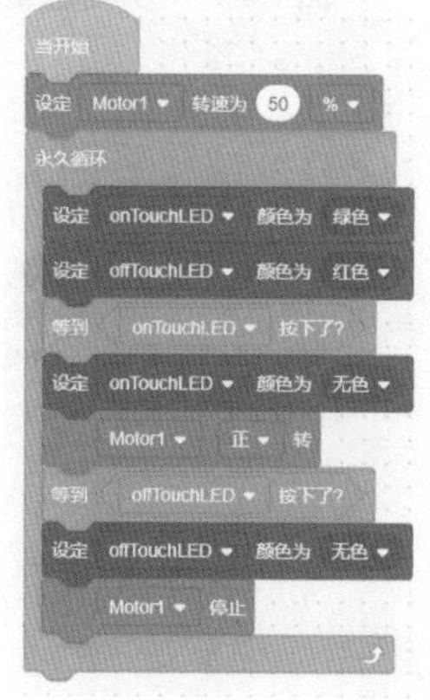

图4-192　任务二程序

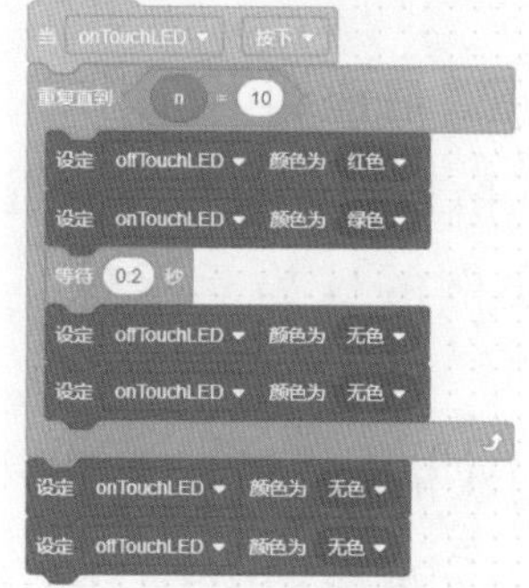

图4-194　任务三程序2

（4）想一想

① 观察一下，机器蠕虫以100的速度前进4步，走了多少距离？

② 机器蠕虫搭建中棘轮起到了哪些关键作用，如果没有棘轮会出现什么问题？搭建中还有哪些问题？如何改进？

③ 如果机器蠕虫以30的速度走2步，以60的速度走3步，再以90的速度行走5步，如何编程？

4.17 弹球接力

你玩过如图4-195所示的小球在轨道上滚动的游戏吗？让小球从上到下在设定的轨道内不停滚动，很有意思吧！

让我们来搭建一个如图4-196所示的弹球接力吧！

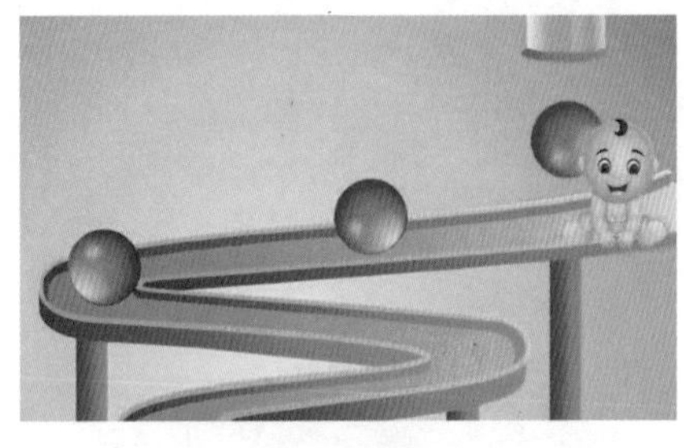

图4-195　滚动的小球

图4-196　弹球接力

（1）模型搭建

弹球接力由球道、底座和电机组成。

① 球道　由双格板搭建而成，球道宽度根据球的大小来定，本实例的球为乒乓球。完成图如图4-197所示。

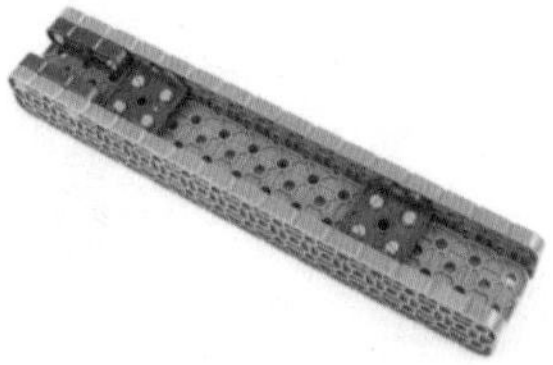

图4-197　球道

② 底座　采用双格板和支撑柱搭建而成，将控制器安装在底座上，完成图如图4-198所示。

③ 电机　在双格板上安装电机。完成图如图4-199所示。

④ 完成图　将2个球道和电机安装在底座上，完成图如图4-200所示。

图4-198　底座

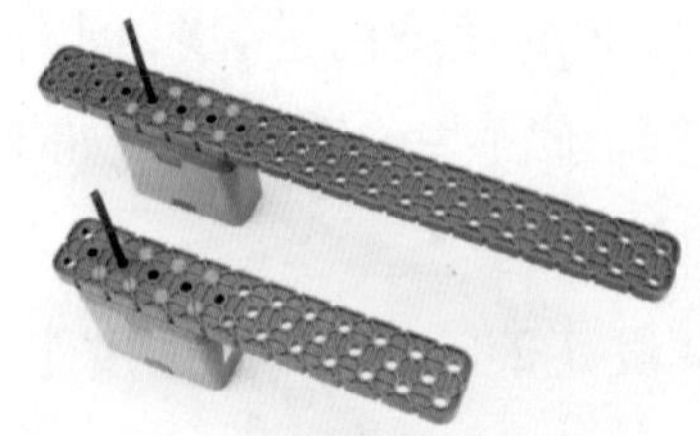

图4-199　电机安装

图4-200　弹球接力完成图

（2）知识点

① 电机驱动　电机直接驱动球道，如果测试球道不能抬起，则需要减速传动，增加传动转矩，如果可以轻松抬起则可以直接驱动。安装图如图4-201

所示。

② 两个球道的安装位置　如图4-202所示，两个球道的安装位置需要满足球道抬起时两个球道之间不干涉，而且，球可以从第一个球道传送到第二个球道。

图4-201　电机驱动

图4-202　两个球道的安装位置

(3) 任务

① 添加设备　如图4-203所示，添加电机和传感器。端口7-电机Motor7；端口1-电机Motor1；端口3-触屏传感器onTouchLED；端口5-触屏传感器offTouchLED。

② 任务一　将球从第一个球道传递到第二个球道，然后抛出球道。参考程序如图4-204所示。

③ 任务二　onTouchLED显示绿色，按下onTouchLED，onTouchLED显示橙色，开始弹球接力。参考程序如图4-205所示。

④ 任务三　onTouchLED显示绿色，offTouchLED显示红色，按下onTouchLED，开始弹球接力。如果按下offTouchLED，则停止弹球接力，onTouchLED显示无色，offTouchLED显示无色。参考程序如图4-206所示。

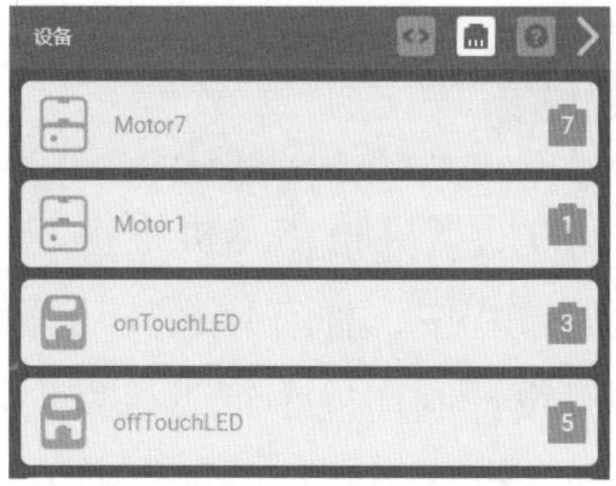

图4-203　添加电机与传感器

图4-204　任务一程序

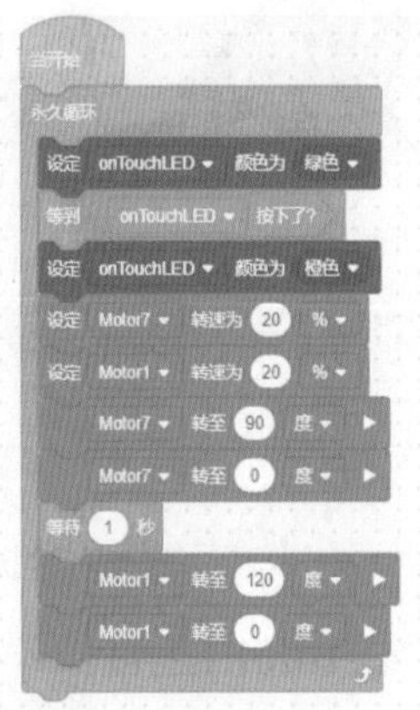

图4-205　任务二程序

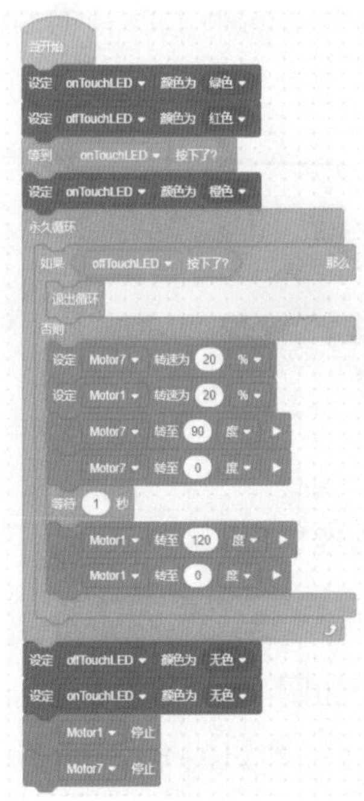

图4-206　任务三程序

（4）想一想

① 测一测，弹球运动一圈需要多长时间？运动时间与哪些因素有关系？

② 弹球接力搭建时如何设计球道的宽度，为防止小球滑出球道，如何改进？

③ 按下onTouchLED，开始弹球接力5次。如果按下offTouchLED，则停止弹球接力，如何编程？

4.18 纸飞机发射器

你玩过如图4-207所示的纸飞机吗？飞机飞得越远我们就越有成就感。在投掷飞机的过程中，你有什么技巧能够让飞机飞得又高又远吗？我们可以设计制作一个纸飞机发射器，只要将折好的纸飞机放进去，纸飞机瞬间就可以被高速发射出去。

让我们来搭建一个如图4-208所示的纸飞机发射器吧！

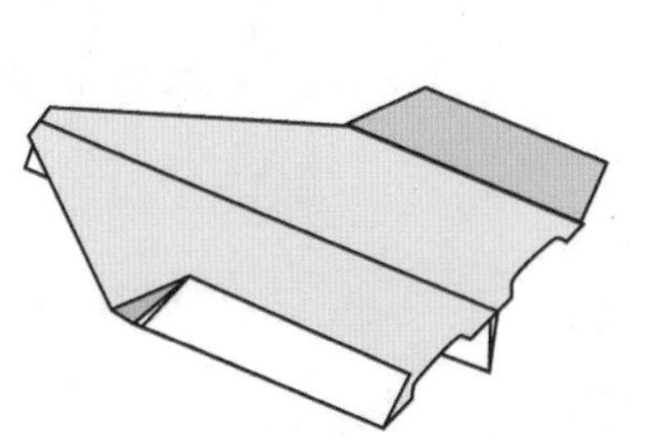

图4-207　纸飞机

图4-208　纸飞机发射器

（1）模型搭建

纸飞机发射器由传动齿轮、轨道、发射摩擦轮组成。

① 传动齿轮　电机驱动齿数为60齿的大齿轮，带动齿数为12齿的小齿轮，同时带动与小齿轮同轴的齿数为60齿的大齿轮，再带动齿数为12齿的小齿轮，实现加速传动。再将两个双级齿轮加速传动装置装配在一起。完成图如图4-209所示。

图4-209　齿轮传动

② 轨道　采用单孔梁搭建轨道，用2个胶轮作为摩擦轮，完成图如图4-210所示。

③ 发射摩擦轮　电机带动2个摩擦轮，用双格板搭建支架。完成图如图4-211所示。

④ 完成图　将发射摩擦轮、轨道和底座装配在一起，再固定一个控制器，完成图如图4-212所示。

图4-210　运动机构部分

图4-211　发射摩擦轮

图4-212　纸飞机发射器

（2）知识点

① 齿轮传动　电机驱动齿数为60齿的大齿轮，带动齿数为12齿的小齿轮，同时带动与小齿轮同轴的齿数为60齿的大齿轮，再带动齿数为12齿的小齿轮，实现两级加速传动。如果电机输入速度为100，则最终的输出速度为2500。安装图如图4-213所示。

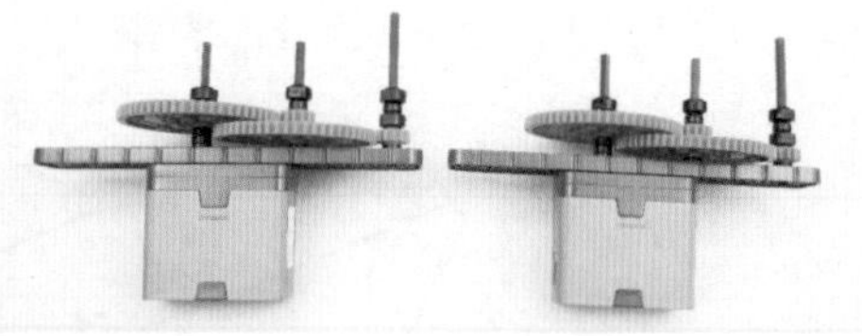

图4-213　齿轮传动

② 摩擦轮的安装　如图4-214所示，第1对摩擦轮用来压住纸飞机的翅膀，将纸飞机带向下面的第2对摩擦轮，第2对摩擦轮用来压住纸飞机的身体，靠摩擦力将飞机发射出去。摩擦轮和轨道之间的距离，需要根据发射飞机的类型决定。

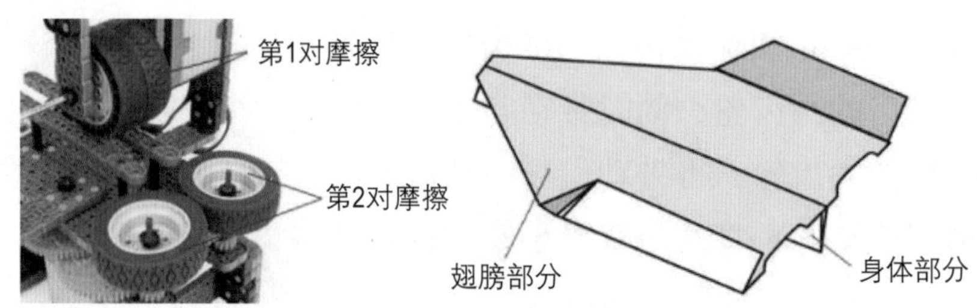

图4-214　摩擦轮的安装

（3）任务

① 添加设备　如图4-215所示，添加电机和传感器：端口2-电机Motor2；端口7-电机leftMotor；端口12-电机rightMotor；端口1-触屏传感器onTouchLED；端口6-触屏传感器offTouchLED；端口5-距离传感器Distance5。

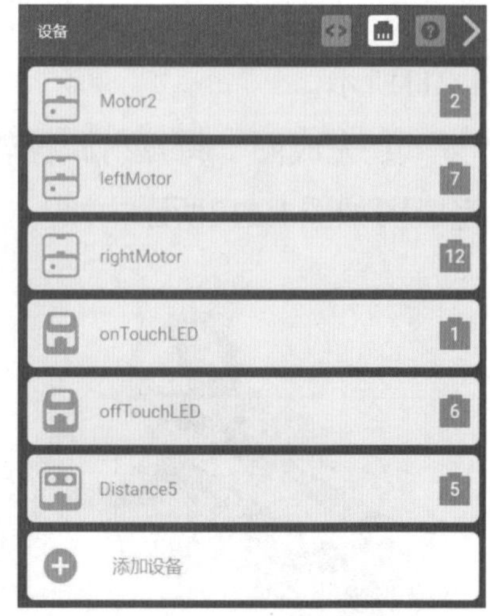

图4-215　添加电机和传感器

② 任务一　onTouchLED显示绿色，offTouchLED显示红色，按下onTouchLED，onTouchLED显示黄色，4个摩擦轮开始转动，可以发射纸飞机。如果按下offTouchLED，offTouchLED显示蓝色，4个摩擦轮同时停止转动。参考程序如图4-216所示。

③ 任务二　onTouchLED显示绿色，offTouchLED显示红色，按下

onTouchLED，开始检测。如果距离传感器与纸飞机的距离小于50mm，则开始发射纸飞机。如果按下offTouchLED，则停止发射，onTouchLED显示无色，offTouchLED显示无色。参考程序如图4-217、图4-218所示。

④ 任务三 onTouchLED显示绿色，offTouchLED显示红色，按下onTouchLED，开始检测。如果距离传感器与纸飞机的距离小于50mm，则开始发射纸飞机，直到按下offTouchLED停止。onTouchLED显示无色，offTouchLED显示无色。参考程序如图4-219所示。

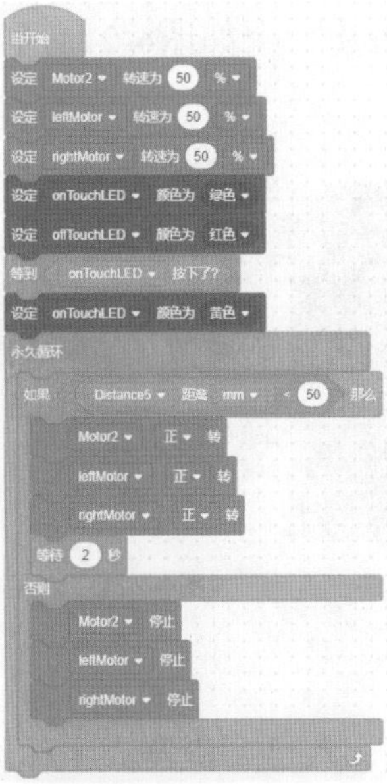

图4-216 任务一程序

图4-217 任务二程序1

图4-218 任务二程序2

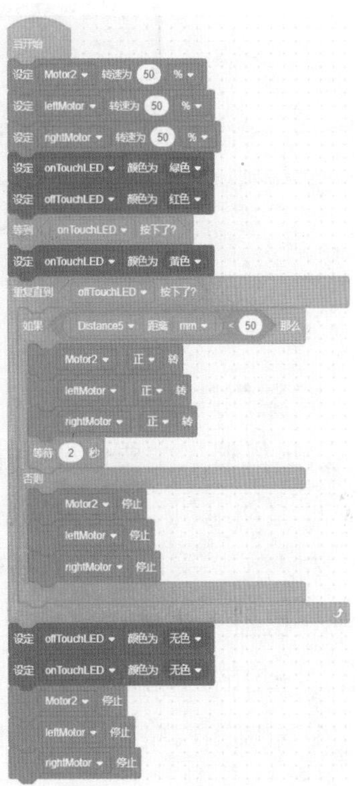

图4-219 任务三程序

（4）想一想

① 测一测，距离传感器测量的距离是多少时最合适发射飞机？

② 纸飞机发射器能够顺利地将飞机飞得高飞得远，搭建还有哪些问题？如何改进？

③ 按下onTouchLED，开始检测，如果距离传感器与纸飞机的距离小于20mm，则发射纸飞机一次。如果按下offTouchLED，则停止发射。如何编程？

4.19 六足机器人

如图4-220所示，星天牛属于天牛科昆虫，是害虫的一种，全身长满硬壳，牙齿锋利，喜欢鸣叫，声音刺耳，并且特别大。它们对农作物以及树木的危害很大，爱吃其中的嫩叶。

让我们仿照星天牛的六足搭建一个如图4-221所示的六足机器人吧！

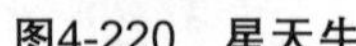

图4-220 星天牛

图4-221 六足机器人

（1）模型搭建

六足机器人主要由驱动电机、六足、机器人主体组成。

① 驱动电机 采用双电机驱动。完成图如图4-222所示。

② 六足 采用双格板搭建而成。完成图如图4-223所示。

③ 机器人主体 将六足装配在一起，完成图如图4-224所示。从图中可以看出，一边的三足由一个8杆机构驱动。

④ 完成图 将机器人主体和控制器装配在一起。完成图如图4-221所示。

图4-222 电机驱动

图4-223 六足

图4-224 机器人主体

（2）知识点

①六足步态　六足机器人步态图如图4-225所示。

②六足机器人六足的驱动机构　电机带动黑色的锁轴板作为曲柄。黑色锁轴板、红色10孔双格板和绿色7孔单孔梁组成曲柄摇杆机构。另外，其他的足也是由曲柄摇杆机构驱动的，如图4-223所示。

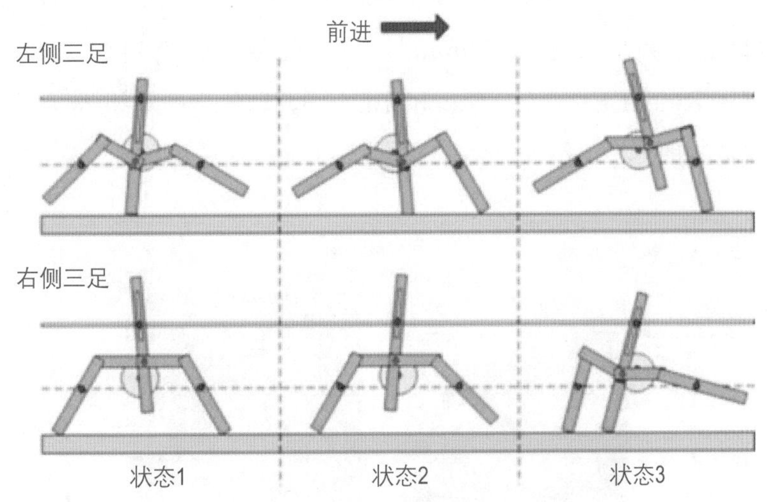

图4-225　六足步态

（3）任务

①添加设备　如图4-226所示，添加电机和传感器：端口6–电机leftMotor；端口12–电机rightMotor；端口1–触屏传感器OnTouchLED；端口7–触屏传感器OffTouchLED；端口5–距离传感器Distance5。

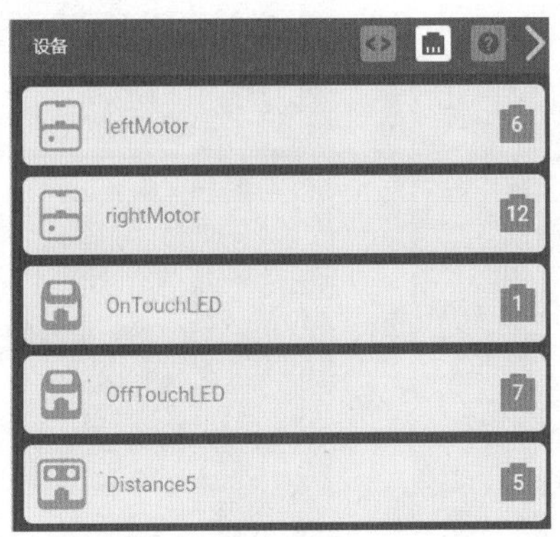

图4-226　添加电机和传感器

② 任务一　按下OntouchLED，六足机器人前进20秒。参考程序如图4-227所示。

③ 任务二　按下OntouchLED，机器人前进，按下OfftouchLED，机器人停止。参考程序如图4-228所示。

④ 任务三　启动程序，OnTouchLED显示黄色，OffTouchLED显示红色。

a. 按下OnTouchLED，OnTouchLED显示绿色，六足机器人开始前进。同时检测与障碍物的距离，当小于100mm时，后退2秒，转弯1秒。

b. 按下OffTouchLED，OffTouchLED显示蓝色，六足机器人停止前进。参考程序如图4-229所示。

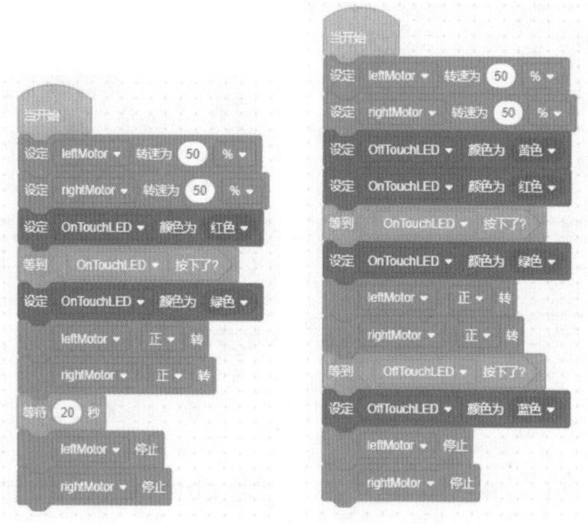

图4-227　任务一程序　　图4-228　任务二程序

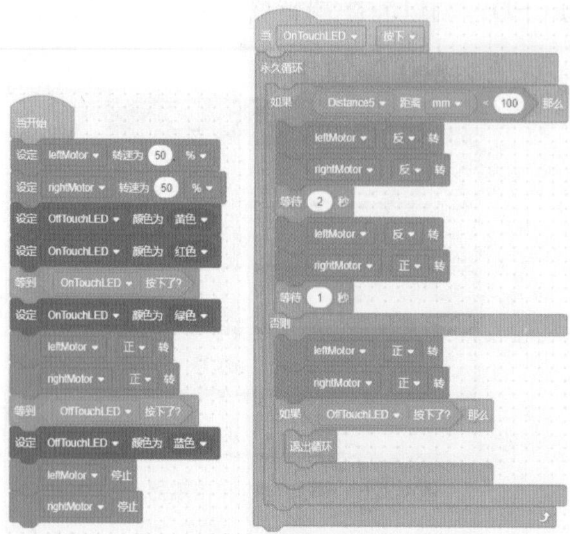

图4-229　任务三程序

（4）想一想

① 测一测，六足机器人足部机构的初始状态是否影响六足机器人的步态。

② 六足机器人如何使用连杆机构完成六足步态？搭建中还有哪些问题？如何改进？

③ 按下OnTouchLED，六足机器人前进1000mm，如何编程？

4.20 蝎子

如图4-230所示为蝎子的一种，一般蝎子有瘦长的身体、8条腿和弯曲分段且带有毒刺的尾巴，蝎子在蜇人之后会释放毒素，但蝎子也有很高的药用价值。

让我们搭建一个如图4-231所示的吓人的蝎子吧！

图4-230 蝎子

图4-231 蝎子模型

（1）模型搭建

蝎子主要由传动齿轮、驱动电机、夹子、尾巴组成。

① 传动齿轮 由4个齿数为35的齿轮和3个12齿的齿轮搭建而成，注意36齿的齿轮孔的排列方向一致，先用销钉固定住，等搭建完再拔出。完成图如图4-232所示。

图4-232 齿轮传动

② 驱动电机　安装上电机，将两侧齿轮传动装配在一起。完成图如图4-233所示。

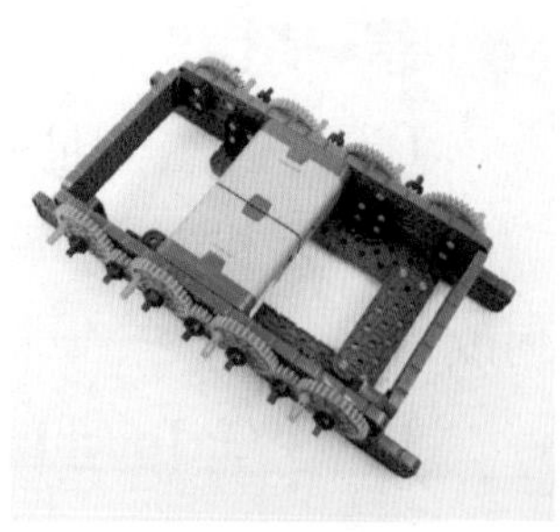

图4-233　驱动电机

③ 夹子　用45度双弯梁和60度弯梁搭建而成。完成图如图4-234所示。

④ 尾巴　用30度弯梁、45度弯梁和2×3 L形梁搭建尾巴。完成图如图4-235所示。

⑤ 完成图　将齿轮传动、夹子和尾巴装配在一起，再固定上主控制器。完成图如图4-231所示。

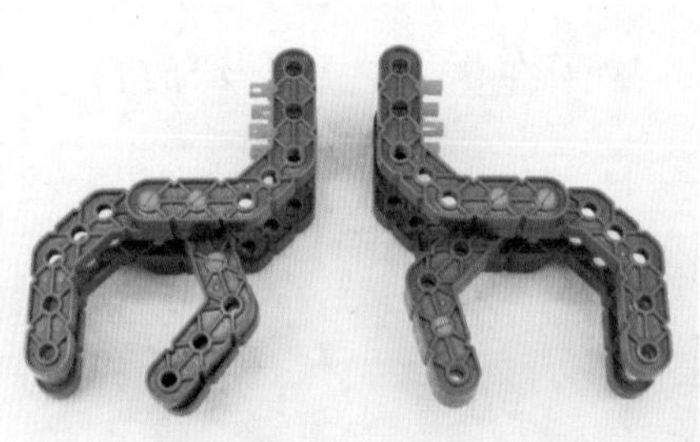

图4-234　夹子

图4-235　尾巴

（2）知识点

① 重心　重心是指地球对物体中每一微小部分引力的合力作用点，如图4-231所示的蝎子，其重心位置尽量在蝎子的中心位置，重心位置可以通过调整控制器的安装位置进行调节，重心靠前或靠后，蝎子都不能正常运动，所以，控制器的安装位置采用试验的方法来确定。

② 腿部运动机构　如图4-236所示，蝎子的8条腿由8个曲柄摇杆机构组成，一侧4条腿，两个灰色腿和两个绿色的腿，相邻两曲柄在齿轮上的安装位置相差180度，这样可以使蝎子运动。

图4-236　腿部运动机构

（3）任务

① 添加设备　如图4-237所示，添加电机和传感器：端口1-电机rightMotor；端口6-电机leftMotor；端口7-触屏传感器TouchLED7；端口12-距离传感器Distance12。

② 任务一　按下TouchLED7，蝎子前进10秒停止。参考程序如图4-238所示。

③ 任务二　按下TouchLED7，当距离传感器检测到距离障碍物200mm时，蝎子停止运动。参考程序如图4-239所示。

④ 任务三　按下TouchLED7，蝎子前进，距离障碍物200mm时，蝎子转弯5秒。如果再按下TouchLED7，蝎子停止运动。参考程序如图4-240所示。

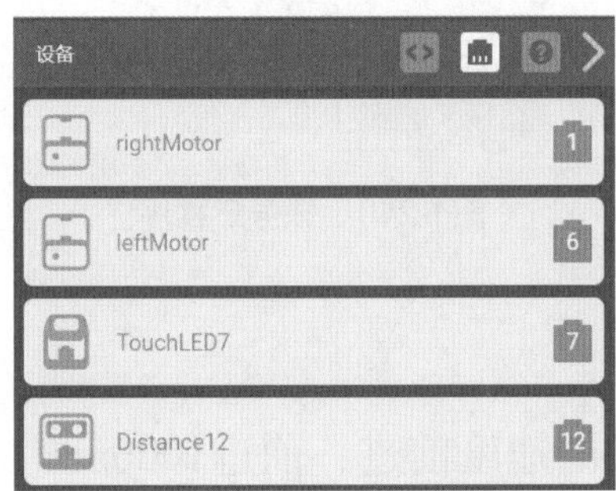

图4-237　添加电机与传感器

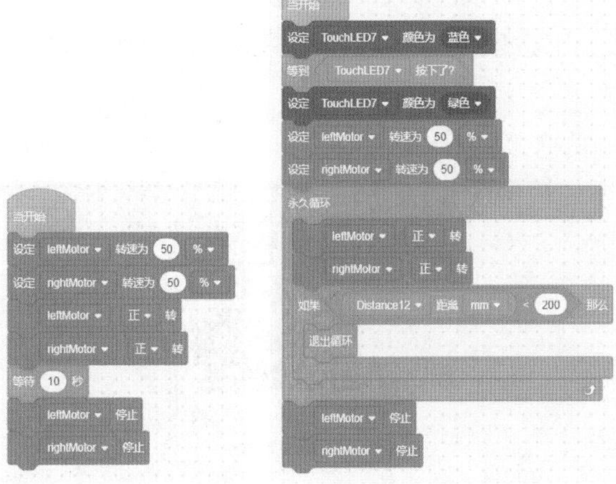

图4-238　任务一程序　　图4-239　任务二程序

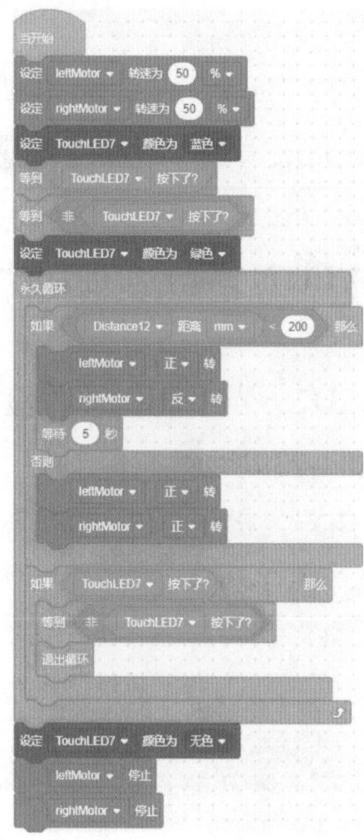

图4-240　任务三程序

（4）想一想

① 测一测，蝎子以50的速度前进，前进1000mm，需要多少秒？

② 蝎子搭建中是如何实现每对腿前后交替运动的？整体搭建中还有哪些问题？如何改进？

③ 按下TouchLED7，蝎子前进，距离障碍物150mm时，蝎子后退200mm，转弯90度，再继续运动，如果再按下TouchLED7，蝎子停止运动。如何编程？